Daniel Díaz Plascencia
Pablo Fidel Mancillas Flores
José Roberto Espinoza Prieto

Levedura de maçã na dieta de vitelos desmamados

Daniel Díaz Plascencia
Pablo Fidel Mancillas Flores
José Roberto Espinoza Prieto

Levedura de maçã na dieta de vitelos desmamados

Leveduras benéficas na alimentação do gado

Imprint

Any brand names and product names mentioned in this book are subject to trademark, brand or patent protection and are trademarks or registered trademarks of their respective holders. The use of brand names, product names, common names, trade names, product descriptions etc. even without a particular marking in this work is in no way to be construed to mean that such names may be regarded as unrestricted in respect of trademark and brand protection legislation and could thus be used by anyone.

Cover image: www.ingimage.com

This book is a translation from the original published under ISBN 978-620-3-58859-0.

Publisher:
Sciencia Scripts
is a trademark of
Dodo Books Indian Ocean Ltd. and OmniScriptum S.R.L publishing group

120 High Road, East Finchley, London, N2 9ED, United Kingdom
Str. Armeneasca 28/1, office 1, Chisinau MD-2012, Republic of Moldova, Europe
Printed at: see last page
ISBN: 978-620-7-73020-9

Conteúdo

RESUMO GERAL

Esta investigação consiste em três experimentos cujo objetivo geral foi avaliar a inclusão de um inóculo de levedura (IL) e bagaço de maçã fermentado (BMZN) na dieta de bezerros desmamados precocemente e seu efeito sobre a digestibilidade *in vitro*, desempenho e saúde animal. No primeiro experimento, foi avaliado o efeito de um IL e BMZN na dieta de bezerros Angus em crescimento sobre o desempenho e o sistema imunológico. As variáveis do teste comportamental foram analisadas com um modelo estatístico que incluiu o tratamento como efeito fixo, o tratamento e a amostragem como efeitos fixos para as variáveis do sistema imunitário e o animal como efeito aleatório. Os resultados mostraram que a IL melhorou ($P<0,05$) o consumo diário de ração (DFI) e a conversão alimentar (CF). O BMZN e a IL aumentaram ($P<0,05$) a atividade antioxidante (AA). No dia de amostragem 84, T1 (feno de aveia (HA) + silagem de milho (MS) + concentrado e T2 (HA + MS + concentrado + BMZN) apresentaram a maior ($P<0,05$) concentração de leucócitos (Leu) e linfócitos (Lin). O segundo estudo consistiu em avaliar o efeito sobre a fermentação *in vitro* de dietas com adição de IL e BMZN. Para a análise das variáveis de digestibilidade da fibra, o tratamento foi considerado como um efeito fixo, enquanto que para os ácidos gordos voláteis (AGV), $N\text{-}NH_3$, ácido lático e pH, o tratamento e o tempo foram incluídos como efeitos fixos. Os resultados mostraram que a maior digestibilidade ($P<0,05$) da MS, FDN, FDA e menor teor de ADL foi apresentada por T2 e T3 (HA + MS + concentrado + IL). Estes apresentaram maior ($P<0,05$) concentração de AGV. O terceiro experimento teve como objetivo avaliar o efeito na fermentação *in vitro* de dietas para bezerros em crescimento suplementadas com quatro cepas de leveduras. As variáveis foram analisadas de forma semelhante ao experimento
segundo experimento. A maior digestibilidade da MS ($P<0,05$) foi apresentada por T2 (HA + EM + concentrado + *Kluyveromyces lactis* 2; KI2), T3 (HA + EM + concentrado + *Klyveromyces lactis* 11; KI11) e T4 (HA + EM + concentrado + *Issatchenkya orientalis* 3; Io3). Este último foi superior ($P<0,05$) na digestibilidade da FDN, além disso, T2 e T3 aumentaram a digestibilidade da FDA, portanto, os menores ($P<0,05$) teores de ADL foram apresentados por T2, T3 e T4. Conclui-se que a inclusão de IL na dieta de bezerros em crescimento melhora o CDA e CA, e juntamente com BMZN aumenta o AA. Além disso, KI2, KI11 e Io3 melhoram o ambiente microbiano favorecendo a digestibilidade da MS, FDN e FDA.

INTRODUÇÃO GERAL

A alimentação é uma das principais necessidades da nossa população e, para a satisfazer, várias espécies animais domésticas e selvagens são exploradas no mundo, entre as quais o gado bovino para a sua produção de carne. A criação de gado no México representa uma das principais actividades do sector agrícola, devido à sua contribuição para o fornecimento de produtos de carne, bem como à sua participação nas exportações de gado vivo (SIAP, 2012). A nível nacional, em 2008 foi registado um inventário de 23,3 milhões de cabeças de gado, 87,3 % dedicadas à produção de carne e 12,7 % especializadas na produção de leite, tendo o Estado de Chihuahua 1,7 milhões de cabeças, das quais 363.000 animais eram produtores de carne (INEGI, 2009).

Os produtores de gado de corte em Chihuahua estão orientados para a produção de bezerros para exportação, onde as dietas baseadas em gramíneas naturais e fezes agrícolas são tipicamente usadas, limitando a digestibilidade da fibra e a resposta produtiva dos animais (Dado e Allen, 1996). Para manter a rentabilidade em vários tipos de explorações pecuárias, os produtores de todos os sectores procuram diferentes opções para reduzir os custos de produção (Gunn *et al.*, 2010). O bagaço de maçã fermentado é uma alternativa como suplemento proteico que pode substituir parte dos ingredientes nas dietas de ruminantes, com aumentos na produção de leite (Gutierrez, 2007) e benefícios para a saúde animal (Gallegos, 2007). Soma-se a isso o efeito das culturas de leveduras que são ricas em vitaminas do complexo B, minerais e vários tipos de aminoácidos.

(van der Peet-Schwering *et al.*, *2007*) e, consequentemente, estimulam a absorção de nutrientes, criando um ambiente intestinal saudável, bem como um melhor sistema imunitário (Czarneki-Maulden, 2008).

Portanto, o objetivo deste estudo foi avaliar o efeito de um inóculo de levedura e bagaço de maçã fermentado na dieta de bezerros Angus sobre: 1) comportamento produtivo e função imune, 2) digestibilidade *in vitro* das três dietas oferecidas aos bezerros Angus, 3) digestibilidade *in vitro* da fibra usando quatro diferentes cepas de levedura.

REVISÃO DA LITERATURA

Temperatura ambiental no comportamento produtivo

A temperatura ambiente é uma das variáveis mais estudadas e, ao mesmo tempo, a mais utilizada como indicador de stress. Mujibi *et al.* (2010) mencionaram que os efeitos da temperatura ambiental no desempenho animal têm sido amplamente estudados em bovinos, uma vez que os ruminantes, dentro da sua capacidade genética e fisiológica, se ajustam continuamente para lidar com as alterações ambientais (Young *et al.*, 1989).

Arias *et al.* (2008) indicaram que os animais adaptados ao ambiente em que vivem, sofrem stress devido a oscilações de temperatura ou a uma combinação de factores negativos a que estão sujeitos durante um curto período de tempo, lidando com ele através de modificações fisiológicas e comportamentais. Assim, na maioria dos casos, a resposta revela alterações nas necessidades nutricionais, sendo as necessidades de água e energia as mais afectadas quando os bovinos se encontram fora da zona termo-neutra (Conrad, 1985). Arias *et al.* (2008) demonstraram que as alterações nas necessidades, bem como as estratégias adoptadas pelos animais para fazer face ao período de stress, resultam numa diminuição do seu desempenho produtivo. Como parte do comportamento de aclimatação do animal, a ingestão de matéria seca (MS) e a ingestão diária de água são diretamente afectadas, uma vez que ambas estão relacionadas com o equilíbrio térmico e têm impacto na regulação da temperatura corporal (Finch, 1986). Collin *et al.* (2001) verificaram que, nos animais que se encontram na sua zona de termoneutralidade, a energia da dieta é utilizada para a manutenção, o crescimento, a produção e a atividade física;

enquanto abaixo ou acima desta zona a energia é redireccionada para funções de manutenção do estado homeotérmico e, em alguns casos, pode haver um aumento da necessidade de energia para estes processos.

Probióticos na alimentação animal

A alimentação desempenha um papel importante na saúde animal e humana. Nos últimos anos, tem sido dada especial atenção à produção de alimentos funcionais, com o objetivo de adicionar microrganismos ou compostos benéficos ao organismo através da ingestão alimentar diária (Di Criscio *et al.*, 2010).

Os probióticos têm mostrado resultados promissores em vários domínios da produção animal. Um probiótico é definido como uma cultura ou uma mistura de culturas de microrganismos vivos que beneficiam os seres humanos ou os animais, melhorando as propriedades da microflora intestinal autóctone (Champagne *et al.*, 2005). Noutro estudo, foi mencionado que os probióticos são microrganismos viáveis que são benéficos para o hospedeiro quando consumidos em quantidades adequadas, resultando numa melhoria da produção e da saúde (Rook e Burnet, 2005). Os benefícios incluem a inibição de bactérias patogénicas, redução dos níveis séricos de colesterol, diarreia e cancro intestinal; melhoria da tolerância à lactose, absorção de cálcio, síntese de vitaminas e estimulação do sistema imunitário (Sanchez *et al.*, 2009). Bontempo *et al.* (2006) sugeriram possíveis mecanismos que exibem um papel benéfico no animal, indicando colonização e adesão na mucosa intestinal (competição por receptores), competição por nutrientes, produção de substâncias antimicrobianas e estimulação da mucosa e do sistema imunitário. As leveduras como probióticos estão a ganhar popularidade nos sistemas de engorda, uma vez que são resistentes e têm elevada viabilidade em condições ambientais adversas. Comitini *et al.* (2005) relataram que as leveduras exercem atividade inibitória sobre diferentes estirpes de bactérias patogénicas, desenvolvendo atividade bactericida ou bacteriostática devido a certos compostos metabólicos produzidos por elas. Stephens *et al.* (2007) relataram que cordeiros alimentados com probióticos diminuíram a excreção de *Escherichia coli O157:H7*, os mesmos autores publicaram que a suplementação microbiana direta na alimentação também reduziu a quantidade de *Salmonella ssp.* em bovinos de carne. A utilização de várias espécies probióticas favorece o aumento do ganho de peso diário (GPD) e da eficiência alimentar dos borregos e dos bovinos de engorda durante o período inicial de alimentação (Lema *et al.*, 2001).

Bagaço de maçã na suplementação animal

Manterola *et al.* (1999) descreveram que o bagaço de maçã é o resíduo do processo de extração do sumo de maçã e representa 15-20% da fruta processada. Desde há muito tempo, tem havido um interesse crescente na utilização do bagaço de maçã na dieta dos bovinos; e tal como a maioria dos alimentos, a utilidade deste subproduto na dieta dos ruminantes depende dos processos de fermentação no rúmen (Rumsey, 1978). O bagaço de maçã é equivalente à silagem de milho em termos de teor de nutrientes digeríveis totais, deficiente em proteínas digeríveis e mais elevado em pectinas, pentosanas e extrato etéreo do que a maioria dos alimentos comuns (NAS, 1971). Sunvold *et al.* (1995) mencionaram que existe pouca informação sobre a fermentação de fibras de frutos e vegetais. No entanto, existem provas de que as fibras de frutos e vegetais contêm vários compostos bioactivos (flavonóides e carotenóides) que aumentam o seu valor nutricional nos alimentos para cães (Swanson *et al.*, 2001). Saura-Calixto e Larrauri (1996) demonstraram que as fibras de frutos e vegetais contêm uma quantidade equilibrada de fibras solúveis e insolúveis, o que promove a saúde gastrointestinal. Há provas de que o subproduto da maçã pode ser adicionado às dietas de vacas produtoras de leite (12 a 15 L/d) até 40% da matéria seca do rádon (Edwards e Parker, 1995). Outros investigadores referiram que a suplementação de vacas leiteiras com bagaço de maçã aumentou a produção de leite em 5,9 a 9 % e aumentou o teor de gordura e proteína (Anrique e Dossow, 2003). Rodriguez *et al.* (2006) verificaram que bezerros alimentados com blocos multinutricionais feitos com 14,6% de manzarina podem ter ganhos diários de 0,570 kg d. Por outro lado, Gutierrez (2007) relatou que o subproduto fermentado da maçã pode substituir parte dos ingredientes utilizados na alimentação de vacas produtoras de leite, tendo rendimentos positivos na produção e na saúde animal (Gallegos, 2007) devido às suas características químicas e ricas em químicos.

Culturas de leveduras na alimentação animal

Está disponível no mercado uma grande variedade de aditivos para a alimentação animal que manipulam a atividade ruminal. Os ruminantes estabelecem uma simbiose com os microrganismos do rúmen, através da qual fornecem nutrientes e um ambiente ruminal adequado para a sobrevivência dos microrganismos, melhorando a fermentação dos alimentos, aumentando a capacidade de utilizar a fibra e a proteína microbianas sintetizadas no rúmen, que são a principal fonte de energia e proteína (Calsamiglia *et al.*, 2005). Desnoyers *et al.* (2009) demonstraram, numa compilação de 157 experiências, que a suplementação com leveduras aumentava o consumo de ração, a produção de leite, o pH ruminal, os ácidos gordos voláteis (AGV) ruminais e a digestibilidade da matéria orgânica; além disso, o efeito das leveduras era maior quando os animais consumiam dietas com uma elevada proporção de concentrado. Estes mesmos resultados sugerem que as leveduras limitam a diminuição do pH ruminal para cima, associada a um aumento da concentração de AGV e à redução do ácido lático, produzindo uma maior capacidade tampão. Ingvartsen (2006) relatou diferentes estratégias nutricionais para ajudar a aumentar a ingestão de matéria seca (MS) e evitar o balanço energético negativo tanto quanto possível durante as primeiras semanas de lactação em vacas leiteiras. No entanto, muitos destes estudos foram efectuados em novilhos e vacas secas fistuladas ou *in vitro* (Al Ibrahim *et al.*, 2010). Estes mesmos autores mencionaram que estão disponíveis numerosos produtos comerciais, que variam muito em termos de estirpes de *Saccharomyces cerevisiae* (Sc), viabilidade e número de células presentes. Algumas estirpes de Sc favoreceram o estabelecimento de bactérias celulolíticas no trato digestivo de borregos, acelerando a atividade microbiana no rúmen, potencialmente favorecendo a mudança de uma dieta líquida para uma dieta sólida em animais pré-ruminantes (Chaucheyras-Durand e Fonty, 2001). Por outro lado, Davis e Drackley (1998) referiram que, à medida que o vitelo jovem amadurece e passa de uma dieta líquida para uma dieta de cereais e forragens, o risco de diarreia tende a diminuir.

Culturas de leveduras na fermentação ruminal

A inclusão de Sc na ração resulta num aumento do número total de bactérias celulolíticas (*Fibrobacter succinogenes, Ruminococcus albus*), tanto *in vitro* como *in vivo* (Lila *et al.,* 2004). Num outro estudo, Chaucheyras *et al.* (1995) observaram a estimulação do crescimento do fungo *Neocallimastix frontalis*.

Os mesmos autores referiram que a Sc parece estimular a utilização do lactato por *Megasfaera elsdenii* e *Staphylococcus ruminantium*, levando a um aumento da síntese de propionato (Lila *et al.,* 2004). Estes últimos autores referem que a diminuição do nível de ácido lático resulta num aumento do pH ruminal que favorece o crescimento de bactérias celulolíticas, levando a um aumento da digestão da fibra e da produção de ácidos gordos voláteis (AGV). Por outro lado, o efeito da Sc sobre a concentração de azoto amoniacal (N-NH_3) é muito variável, tendo-se observado tanto uma redução como um aumento (Chaucheyras-Durand e Fonty, 2001).

Calsamiglia *et al.* (2005) relataram evidências do efeito das leveduras na fermentação ruminal, mencionando que as leveduras e os seus meios de cultura podem conter nutrientes (ácidos orgânicos, vitaminas B, enzimas, aminoácidos, etc.) que estimulam o crescimento de bactérias que digerem a celulose e utilizam o ácido lático. Estes mesmos autores referem que as leveduras vivas, através da sua ação de respiração, consomem o oxigénio residual disponível no meio ruminal, protegendo as bactérias anaeróbias estritas. Newbold *et al.* (1996) compararam várias estirpes de Sc e observaram uma forte correlação entre a capacidade das leveduras de consumir oxigénio e o crescimento bacteriano, o que lhes permitiu concluir que o efeito estimulante das Sc sobre as bactérias ruminais poderia ser atribuído, pelo menos parcialmente, à sua atividade respiratória.

Noutro estudo, Yoon e Stern (1996) relataram um mecanismo de ação para leveduras e fungos em que o aumento do pH ruminal e a redução da disponibilidade de oxigénio estimulam o aumento do crescimento de bactérias celulolíticas, melhorando assim a degradabilidade da fibra, diminuindo a plenitude ruminal, aumentando a ingestão de matéria seca e aumentando a produção, sem necessariamente melhorar a eficiência da utilização de nutrientes. Chung *et al.* (2011) publicaram que a levedura também tem um potencial para aumentar o processo de fermentação no rúmen de uma forma que diminui a formação de gás metano (CH_4). Num outro estudo, propuseram que, através da seleção de estirpes, pode ser possível desenvolver um produto comercial de levedura que diminua a produção de CH4, minimizando a acidose ruminal e promovendo a digestão das fibras e a fermentação ruminal (Newbold e Rode, 2006).

Função da parede celular da levedura no sistema imunitário

A parede celular da levedura contém mananoligossacarídeos (MOS) que podem atuar como receptores de alta afinidade competindo com locais de ligação para bactérias gram-negativas, que possuem fímbrias com manose tipo 1 (Ofek *et al.,* 1977), eliminando os agentes patogénicos do sistema digestivo e impedindo a colonização e fixação do agente patogénico à mucosa (Nocek *et al.,* 2011). Ferket (2003) mencionou que este benefício pode provocar uma resposta antigénica importante, aumentando assim a imunidade humoral contra agentes patogénicos específicos através da presença de antigénios para células imunes atenuadas, além disso, este processo pode suprimir a resposta imune pró-inflamatória, que é prejudicial ao comportamento produtivo. Outro componente predominante da parede celular da levedura é o e-1,3/1,6-glucano (ß-glucano), que demonstrou ter um efeito imunomodulador quando a levedura foi utilizada como suplemento em dietas para aves de capoeira (Chae *et al.*, 2006), suínos (Li *et al.*, 2006) e animais aquáticos (Dalmo e Bogwald, 2008).

Poucos estudos investigaram a utilização de componentes da parede celular de leveduras na função imunitária do gado leiteiro (Nocek *et al.*, 2011). No entanto, Franklin *et al.* (2005) observaram que a suplementação de vacas secas com MOS melhorou a resposta imunitária humoral contra o rotavírus e aumentou a transferência de anticorpos para as suas crias. Reed e Nagodawithana (1991) publicaram que os oligossacáridos presentes na parede celular de Sc, tais como glucanos e mananos, melhoram o sistema imunitário e influenciam a interação patógeno-hospedeiro no trato digestivo de animais e humanos. Os animais de laboratório, que consumiram glucanos de aveia, melhoraram a função dos neutrófilos e aumentaram a defesa contra os agentes patogénicos (Murphy *et al.*, 2007). Isto pode ser particularmente importante em vitelos jovens, que são normalmente afectados por protozoários, vírus e bactérias que causam doenças do aparelho digestivo e algumas outras que podem levar a infecções sistémicas (Magalhães *et al.*, 2008). Do mesmo modo, os produtos solúveis das culturas de leveduras inibem a atividade e o crescimento microbiano e modulam o sistema imunitário (Jensen *et al.*, 2008).

Função dos microminerais no sistema imunitário

Os minerais vestigiais (MT), como o cobre (Cu), o zinco (Zn), o manganês (Mn) e o cobalto (Co), são importantes para o crescimento, a reprodução e a resposta imunitária adequados (Dorton et al., 2007), e em muitos processos fisiológicos dos animais (Spolders, 2007). No entanto, o impacto da suplementação com MT na imunidade dos ruminantes tem sido variável (Spears, 2000). Este mesmo autor mencionou que a suplementação com oligoelementos foi inicialmente focada na prevenção de sinais de deficiência e diminuição da produção, mas o papel destes elementos na imunidade tem sido enfatizado em estudos mais recentes.

A concentração de Zn e Cu no soro é influenciada por muitos factores, tais como o momento da amostragem e o animal (Spolders *et al.*, 2010). Por outro lado, os componentes do sangue podem ser influenciados por muitos factores externos (clima, estação do ano e hora do dia) e internos, como a raça, a idade e o estádio de lactação (McDowell, 2003).

As deficiências de MT resultam em diminuição da taxa de crescimento (Blackmon *et al.*, 1967), dificuldades de parto (James *et al.*, 1987), e diminuição da produção de células T, células B, neutrófilos e macrófagos, levando a uma maior suscetibilidade à infeção (Chandra, 1999).

Zinco. É um microelemento essencial para o bom funcionamento das células, tendo também sido identificado como componente estrutural, catalítico ou regulador de mais de 200 enzimas envolvidas no metabolismo das proteínas, hidratos de carbono e ácidos nucleicos (Vallee e Auld, 1990), sendo essencial para a integridade do sistema imunitário (Hambridge *et al.*, 1986), embora o seu papel específico na resposta imunitária não seja muito claro. Da mesma forma, Murray *et al.* (2000) referem que é um componente estrutural da enzima superóxido dismutase (SOD), que ajuda a eliminar os radicais livres produzidos por vários processos no organismo. Por outro lado, a função protetora do Zn contra a formação de radicais livres e o stress oxidativo tem levado a estudos sobre o efeito antioxidante do Zn e a sua participação no sistema de defesa antioxidante (de Oliveira *et al.*, 2009). Considerando a grande variedade de enzimas que contêm Zn (desidrogenase láctica, fosfatase alcalina, álcool desidrogenase, anidrase carbónica, superóxido dismutase, carboxipeptidases, desidrogenase málica, etc.), é fácil imaginar as graves consequências da deficiência celular de Zn (Kirchgessner *et al.*, 1993).

Hambridge *et al.* (1986) publicaram que a deficiência de Zn prejudica a função imunitária através de uma redução da função das células T, bem como de uma diminuição da função de muitos componentes-chave do sistema imunitário (timo e neutrófilos). Cymbaluk *et al.*

(1986) mencionaram que concentrações elevadas de Zn impedem a utilização de Cu e são acompanhadas de claudicação, anemia óssea e podem levar à anemia (De Auer e Seawright, 1988).

Manganês. É outro potencial antagonista do Cu, pelo que ingredientes com elevado teor de Mn na dieta podem ter um impacto negativo na absorção de Cu (Hansen *et al.*, 2009). Grace (1994) publicou que a concentração de Mn de algumas forragens pode conter mais de 100 mg/kg de MS, enquanto o teor de Cu é de até 100 mg/kg de MS. O papel antagónico do Mn sobre o Cu é limitado, no entanto, estudos com ratos mostraram uma interação complicada entre o efeito do Mn dietético (10 a 50 mg/kg MS) e do Cu (<1 a 6 mg/kg MS) sobre os índices dos níveis de ferro (Fe) no soro (Reeves *et al.*, 2004). Hidiroglow (1979) mencionou que o Mn é pouco absorvido (1 % ou menos) em dietas de ruminantes. Noutro estudo, mencionaram que os factores alimentares que podem influenciar a biodisponibilidade do Mn têm recebido pouca atenção, provavelmente porque a deficiência não é considerada um problema importante nos ruminantes (van Bruwaene *et al.*, 1984). Por outro lado, provas limitadas sugerem que as dietas ricas em cálcio e fósforo podem reduzir a biodisponibilidade do Mn (Hidiroglow, 1979).

Cobre. É um elemento essencial na nutrição animal e está envolvido em muitos processos biológicos no corpo, principalmente relacionados com actividades enzimáticas (Grace, 1994). Do mesmo modo, Swenson e Reece (1993) publicaram que é parte integrante do sistema citocromo, Cu-superóxido dismutase (CuSOD), CuZn-superóxido dismutase (CuZnSOD), ceruloplasmina (Cp), citocromo oxidase, tirosinase (polifelina oxidase), ácido ascórbico oxidase, monoamina oxidase plasmática. Spears (2000) mencionou que, em bovinos e noutras espécies, está documentado que o Cu exerce um efeito no sistema imunitário. Noutro estudo, verificou-se que a capacidade fagocítica dos neutrófilos duplicava quando se administrava Cu a vitelos deficientes em Cu (Jones e Suttle, 1981). Prohaska e Failla (1993) referiram que a imunidade humoral e as células mediadoras estavam dramaticamente diminuídas em ratos e ratinhos deficientes em Cu. Além disso, a resposta imunitária humoral de novilhos em crescimento foi melhorada quando injetados com 90 mg de Cu antes do desmame e alimentados com 7,5 mg de Cu/kg de MS durante a fase de crescimento (Ward e Spears, 1999).

A deficiência de Cu em bovinos é uma doença bastante comum em todo o mundo e as suas dietas são regularmente elevadas em concentração de Cu (acima de 35 mg/kg MS), sendo o nível máximo de suplementação de Cu para bovinos estabelecido pela União Europeia (Regulamento do Conselho (CE) n.º 1334/2003/CE), muito acima dos requisitos fisiológicos gerais (10 mg/kg MS; NRC, 1996). Kendall *et al.* (2001) comentam que a margem relativamente ampla na suplementação de Cu deve-se ao facto de que nos bovinos, e nos ruminantes em geral, as exigências nutricionais não dependem exclusivamente da concentração de Cu na dieta, mas são altamente dependentes da suplementação e disponibilidade de Cu, o que justifica a interferência de antagonistas, principalmente molibdénio (Mo), enxofre (S), ferro (Fe) e Zn. Hansen *et al.* (2009) publicaram que a deficiência de Cu em bovinos de corte pode se apresentar na forma de redução do crescimento, queda de pêlos e anemia.

Este sinal pode ser explicado pela atividade reduzida de cuproenzimas como a citocromo c oxidase, tirosinase e ceruloplasmina, que são importantes na produção de energia, melanina e metabolismo do Fe, respetivamente (NRC, 1996). **Atividade antioxidante**

A nutrição tem um grande efeito na saúde e na imunidade dos animais, as deficiências nutricionais prejudicam a resposta imunitária e, por conseguinte, aumentam a morbilidade e a mortalidade (Chew, 1995). O mesmo autor referiu que os antioxidantes servem para estabilizar os radicais livres altamente reactivos, mantendo assim a integridade funcional e estrutural das células. Os antioxidantes foram agrupados em enzimáticos e não enzimáticos, e são substâncias capazes de controlar a produção de radicais livres (FR) no organismo que são gerados como consequência do metabolismo aeróbio, quer sequestrando os FR, quer estabilizando-os (Halliwell e Whiteman, 2004). Tremellen (2008) referiu que para contrariar os RL existe, em primeiro lugar, o sistema antioxidante enzimático, que inclui a selenoenzima glutationa peroxidase (GPx) que actua principalmente reduzindo o peróxido de hidrogénio (H_2O_2), e a SOD que actua sobre o anião superóxido (O_2) transformando-o num radical secundário (H_2O_2) para posterior ação da GPx.

A maioria das moléculas presentes no organismo são quimicamente estáveis, ou seja, têm um número par de electrões na sua orbital externa, mas há outras cujo número de electrões é ímpar; estas substâncias químicas altamente instáveis e reactivas são conhecidas como radicais livres (Barquinero, 1992). Halliwell (1992) refere que quando um radical interage com uma substância estável, retira-lhe um eletrão, carregando positivamente a molécula; assim, o composto estável transforma-se num radical livre altamente agressivo, que pode gerar mais radicais, dando origem a uma reação em cadeia. Por outro lado, o oxigénio, embora essencial para a vida, é também tóxico por ser uma substância oxidante, uma vez que pode aceitar electrões, desestabilizando a molécula que os perde, pelo que, no metabolismo aeróbio, são produzidos oxidantes denominados metabolitos oxigenados reactivos, entre os quais se destacam o O_2, o hidróxido (OH) e o $H2O2$ (Ceballos *et al.*, 1998).

O confinamento e o stress térmico podem contribuir para aumentar as necessidades de antioxidantes dos animais. Por conseguinte, foram realizados estudos em que são oferecidos suplementos de antioxidantes aos animais, quer na dieta quer por via parentérica, e observou-se que a suplementação melhora a resposta imunitária e diminui o stress oxidativo, conduzindo a uma maior resistência a doenças infecciosas e degenerativas (Chew, 1995). Da mesma forma, Gonzalez-San Jose *et al.* (2001) publicaram que, à medida que um indivíduo envelhece, o equilíbrio é deslocado a favor dos oxidantes, tornando interessante a ingestão de alimentos com antioxidantes para os diminuir. Noutro estudo, mencionaram que a vitamina E é um antioxidante fenólico solúvel Kpid; portanto, a sua atividade antioxidante baseia-se na capacidade de doar um átomo de hidrogénio aos radicais livres (Yurttas *et al.*, 2000). **Biometria hemática em ruminantes**

Na prática clínica da medicina veterinária, os parâmetros de valores de biometria hemométrica (Hb) são um auxiliar de diagnóstico fundamental na análise e orientação do estado clínico de um animal e na monitorização de um efetivo; esta informação é útil em casos de controlo, avaliação de processos de estabilidade enzimática e do estado nutricional dos animais. A BH é também um auxiliar de diagnóstico na avaliação do rebanho, o que permite a tomada de decisões profilácticas e curativas. Barrio *et al.* (2003) referem que o BH é a avaliação numérica e descritiva dos elementos celulares do sangue (glóbulos vermelhos, glóbulos brancos e plaquetas); constituindo um dos testes mais solicitados no laboratório clínico, uma vez que acompanha quase todos os protocolos de diagnóstico com precisão, exatidão e rapidez.

Os componentes das células sanguíneas transportam oxigénio (glóbulos vermelhos ou eritrócitos), protegem contra organismos estranhos e vírus (glóbulos brancos ou leucócitos), fagocitam, capturam ou destroem e iniciam a coagulação (Aiello e Mays, 2000). Estes mesmos autores referem que as células sanguíneas se dividem em leucócitos (fagócitos e linfócitos); os fagócitos subdividem-se em monócitos (mononucleares) e granulócitos (polimorfonucleares), e estes últimos subdividem-se em neutrófilos, eosinófilos e basófilos. Por outro lado, os linfócitos são glóbulos brancos responsáveis pela imunidade humoral e celular, sendo a sua produção originária da medula óssea. Num outro estudo, Aiello e Mays (2000) referem que as análises hematológicas mostram as quantidades de elementos celulares; a sua avaliação permite determinar problemas de saúde, inflamação dos tecidos ou funções proliferativas da medula óssea.

Digestibilidade ruminal e fermentação ruminal dos géneros alimentícios

Desde há alguns anos, os microbiologistas e nutricionistas de ruminantes têm estado interessados em manipular o ecossistema microbiano do rúmen para melhorar a eficiência da produção (Callaway e Martin, 1997). A adição de extractos de *Aspegillus oryzae* e de culturas Sc em dietas de ruminantes melhorou a digestibilidade da MS, a proteína bruta (PB) e a hemicelulose, aumentando o número de bactérias no rúmen, diminuindo a concentração de lactato e aumentando a produção de leite em vacas frescas (Gomez-Alarcon *et al.,* 1990). No entanto, a resposta à suplementação com leveduras ou culturas de fungos tem sido variável (Martin e Nisbet, 1992). Estudos anteriores (Newbold *et al.,* 1996) mostraram que as culturas de leveduras aumentam o número de bactérias celulolíticas no rúmen e, nalguns casos, aumentam a degradação da celulose. Por outro lado, os microrganismos ligados à digesta representam mais de 75 % da microflora total do rúmen e o Sc estimula o crescimento principalmente de *F. succinogenes,* sendo *R. albus* e *R. flavefaciens os* mais activos na degradação da fibra (Chaucheyras-Duran e Fonty, 2001). Além disso, outros autores utilizaram a levedura Sc como aditivo em dietas fibrosas para ruminantes, produzindo melhorias na eficiência de utilização e disponibilidade de nutrientes (Newbold *et al.,* 1998) e aumentos na digestão ruminal de MS, matéria orgânica e NDF, tanto in *vivo* como in *vitro*, bem como na degradabilidade de FDA e azoto (Biricik e Turkman, 2001).

Produção de gás e perfis de AGV no rúmen

Sabe-se que a quantificação da produção de gás em fermentações *in vitro* é utilizada para determinar a digestibilidade e a cinética da fermentação ruminal dos alimentos (Theodorou *et al.* 1994), que, juntamente com equações de regressão múltipla e componentes nutricionais do substrato (Noguera *et al,* 2004) permitem uma estimativa bastante exacta da degradabilidade *in vivo* e da digestibilidade aparente da MS das forragens (Blummel *et al.,* 1997), ajustando os perfis de gases acumulados a uma equação adequada para resumir a informação cinética (Groot *et al.,* 1996).

Por outro lado, a energia para o crescimento microbiano é derivada da fermentação de hidratos de carbono, principalmente amido e celulose, cuja digestão anaeróbia produz AGV, succinato, lactato, etanol, dióxido de carbono (CO_2), CH_4 e vestígios de hidrogénio (H_2); no entanto, estes também fornecem esqueletos de carbono essenciais para a síntese de biomassa microbiana (Opatpatanakit *et al.,* 1994). Noutro estudo (Getachew *et al.,* 1998) referiram que a produção de gás é gerada principalmente quando o substrato é fermentado em acetato e butirato, sendo o propionato produzido apenas a partir da neutralização do ácido e, por conseguinte, em menor quantidade. Por outro lado, os microrganismos ruminais são muito sensíveis a alterações do pH e a maioria prefere uma gama de pH entre 6,5 e 6,8. Grant e Mertens (1992) comentam que as bactérias celulorrizais, em particular, são mais sensíveis ao pH baixo do que as bactérias amilorrizais. Do mesmo modo, Hoover *et al.* (1984) demonstraram que um pH elevado (7,5) ou baixo (5,5) compromete gravemente a digestão das fibras.

Noguera *et al.* (2004) referiram que a técnica de produção de gás permite a deteção de diferenças entre substratos gerados pela maturidade, condições de crescimento, espécie ou cultura e métodos de conservação. Também tem sido utilizada para determinar diferenças na fermentação de resíduos de culturas sujeitos a vários tratamentos químicos ou físicos (Williams, 2000).

LITERATURA CITADA

Aiello, S. E. e A. Mays. 2000. The Merck Veterinary Manual. 5ª ed. Oceano Grupo Editorial, S. A. Espanha.

Al Ibrahim, R. M., A. K. Kelly, L. O'Grady, V. P. Gath, C. McCamey e F. J. Mulligan. 2010. The effect of body condition score at calving and supplementation with *Saccharomyces cerevisiae* on milk production, metabolic status, and rumen fermentation of dairy cows in early lactation. J. Dairy Sci. 93:5318-5328.

Anrique, G. R. e C. C. Dossow. 2003. Efeito da silagem de polpa de maçã na ração de vacas leiteiras sobre o consumo, taxa de reposição e produção de leite. Arq. Med. Vet. 35:13-22.

Arias, R. A., T. L. Mader e P. C. Escobar. 2008. Fatores climáticos que afetam o desempenho produtivo de bovinos de corte e leite. Arch. Med. Vet. 40:7-22.

Barquinero, J. 1992. Radicais livres: uma ameaça à saúde. In: Crystal, R. G. e J. R. Ramon. 1992. Sistema GSH. Glutationa: Eixo de Defesa Antioxidante. Excerpta Medica. Medical Communications B. V., Amesterdão. Reino dos Países Baixos.

Barrio, M., M. C. Correa e M. E. Jimenez. 2003. O hemograma: análise e interpretação dos valores sanguíneos. Universidade de Antioquia, Medellín. Colômbia.

Biricik, H. e I. I. Turkmen. 2001. The effect of *Saccharomyces cerevisiae* on *in vitro* rumen digestibilities of dry matter, organic matter and neutral detergent fiber of different forage: concentrate ratios in diets. Veteriner Fakultesi Dergisi, Uludag University. 20:29-37.

Blackmon, D. M., W. J. Miller e J. D. Morton. 1967. Deficiência de zinco em ruminantes, ocorrência, efeitos, diagnóstico e tratamentos. Vet. Med. 62:265-272.

Blummel, M., H. P. S. Makkar e K. Becker. 1997. Produção de gás *in vitro*: Uma técnica revisitada. J. Anim. Physiol. Anim. Nutr. 77:24-34.

Bontempo, V., A. Giancamillo, G. Savoini, V. Dell'Orto e C. Domeneghini. Domeneghini. 2006. A suplementação alimentar com levedura viva actua sobre o aspeto morfofuncional intestinal e o crescimento do leitão ao desmame. Anim. Feed Sci. Technol. 129:224236.

Callaway, E. S. e S. A. Martin, 1997. Effects of a *Saccharomyces cerevisiae* culture on ruminal bacteria that utilize lactate and digest cellulose. J. Dairy Sci. 80:2035-2044.

Calsamiglia, S., L. Castillejos e M. Busquet. 2005. Estratégias nutricionais para modificar a fermentação ruminal em bovinos leiteiros. Página 161 in Memoria XXI del curso de especializacion FEDNA. Barcelona. Barcelona, Espanha.

Ceballos, A., F. Wittwer, P. A. Contreras e T. M. Bohmwald. 1998. Blood glutathione peroxidase activity in grazing dairy herds: variation according to season and time of year. Arch. Med. Vet. 30:13-22.

Chae, B. J., J. D. Lohakare, W. K. Moon, S. L. Lee, Y. H. Park e T. W. Hahn. 2006. Effects of supplementation of beta-glucan on the growth performance and immunity in broilers. Res. Vet. Sci. 80:291-298.

Champagne, C. P., N. J. Gardner e D. Roy. 2005. Desafios na adição de culturas probióticas aos alimentos. Crit. Rev. Food Sci. Nutr. 45:61-84.

Chandra, R. K. 1999. Nutrition and immunology: From the clinic to cellular biology and back again (Nutrição e imunologia: da clínica à biologia celular e vice-versa). Proc. Nutr. Soc. 58:681-683.

Chaucheyras, F., G. Fonty, G. Bertin e P. Gouet. 1995. A utilização *in vitro de* H2 por uma bactéria acetogénica ruminal cultivada sozinha ou em associação com uma *Archaea metanogénica* é estimulada por uma estirpe probiótica. Appl. Environ. Microbiol. 61:3466-3467.

Chaucheyras-Durand, F. e G. Fonty. 2001. Estabelecimento de bactérias celulolíticas e desenvolvimento de actividades fermentativas no rúmen de borregos criados gnotobioticamente que recebem o aditivo microbiano *Saccharomyces cerevisiae* CNCM I-

1077. Reprod. Nutr. Dev. 41:57-68.

Chew, B. P. 1995. Antioxidant vitamins affect food animal immunity and health. J. Nutr. 125:1804-1808.

Chung, Y. H., N. D. Walker, S. M. McGinn e K. A. Beauchemin. 2011. Efeitos diferentes de 2 estirpes de levedura seca ativa (*Saccharomyces cerevisiae*) na acidose ruminal e na produção de metano em vacas leiteiras não lactantes. J. Dairy Sci. 94:2431-2439.

Collin, A., J. Van Milgen, S. Dubois e J. Noblet. 2001. Effect of high temperature on feeding behaviour and heat production in group-housed young pigs. Br. J. Nutr. 86:63-70.

Comitini, F., R. Ferretti, F. Clementi, I. Mannazzu e M. Ciani. 2005. Interação entre *Saccharomyces cerevisiae* e bactérias malónicas: caraterização preliminar de um composto proteico de levedura ativo contra *Oenococcus oeni*. J. Appl. Microbiol. 99:105-111

Conrad, J. H. 1985. Alimentação de animais de criação em ambientes quentes e frios. In: Yoursef MK 5th ed. Stress Physiology in Livestock Volume II Ungulates. CRC Press Boca Raton, Florida, EUA.

Regulamento (CE) n.º 1334/2003 do Conselho que altera as condições de autorização de vários aditivos pertencentes ao grupo dos oligoelementos na alimentação dos animais. Off. J. Eur. União Europeia.

Cymbaluk, N. F., F. M. Bristol e D. A. Christensen. 1986. Influence of age and breed of equid on plasma cooper and zinc concentrations. Am. J. Vet. Res. 47:192-195.

Czarnecki-Maulden, G. L. 2008. Effect of dietary modulation of the intestinal microbiota on reproduction and early growth. Theriogenology. 70:286290.

Dado, R. G. e Allen M. S. 1996. Aumento da ingestão e da produção de alfafa ensilada oferecida às vacas com maior digestibilidade da fibra em detergente neutro. J. Dairy Sci. 79:418-428.

Dalmo, R. A. e J. Bogwald. 2008. Beta-glucanos como condutores de sinfonias imunitárias. Fish Shellfish Immunol. 25:384-396.

Davis, C. L. e J. K. Drackley. 1998. The Development, Nutrition and Management of the Young Calf. Iowa State Press. Ames. Iowa. U.S.A.

De Auer, J. C. e A. A. Seawright. 1988. Assessment of copper and zinc status of farm horses and training thorouhbreds in south-east Queensland. Aust. Vet. J. 65:317-320.

de Oliveira K. J., C. M. Donangelo, A. V. de Oliveira, Jr., C. L. de Silveira, e J. C. Koury. 2009. Efeito da suplementação de zinco no status antioxidante, de cobre e de ferro de adolescentes fisicamente ativos. Cell Biochem. Funct. 27:162-166.

Desnoyers, M., S. Giger-Reverdin, G. Bertin, C. Duvaux-Ponter e D. Sauvant. 2009. Meta-análise da influência da suplementação com *Saccharomyces cerevisiae* nos parâmetros ruminais e na produção de leite de ruminantes. J. Dairy Sci. 92:1620-1632.

Di Criscio, T., A. Fratianni, R. Mignogna, L. Cinquanta, R. Coppola, E. Sorrentino e G. Panfili. 2010. Produção de gelados funcionais probióticos, prebióticos e simbióticos. J. Dairy Sci. 93:4555-4564.

Dorton, K. L., T. E. Engle, R. M. Enns e J. J. Wagner. 2007. Effects of trace mineral supplementation, source, and growth implants on immune response of growing and finishing feedlot steers. The Professional Animal Scientist. 23:29-35.

Edwards, J. e W. Parker. 1995. Bagaço de maçã como suplemento de pastagem para vacas leiteiras no final da lactação. Proc. N. Z. Soc. Anim. Prod. 55:67-69.

Ferket, P. R. 2003. Controlando a saúde intestinal com o uso de antibióticos. [th]Pag. 57-68 in Proc. 30 Annu. Carolina Poult. Nutr. Conf., Research Triangle Park, NC. Universidade Estadual da Carolina do Norte, Raleigh. U.S.A.

Finch, V. A. 1986. Body temperature in beef cattle: its control and relevance to production in the tropics. J. Anim. Sci. 62:531-542.

Franklin, S. T., M. C. Newman, K. E. Newman e K. I. Meek. 2005. Parâmetros imunitários de

12

vacas secas alimentadas com mananoligossacárido e subsequente transferência de imunidade para os vitelos. J. Dairy Sci. 88:766-775.

Gallegos, A. M. A. 2007. Contagem de células somáticas no leite, atividade antioxidante plasmática e componentes celulares sanguíneos de vacas Holstein em produção alimentadas com manzarina na dieta. Dissertação de Mestrado. Faculdade de Zootecnia. Universidade Autónoma de Chihuahua. Chihuahua. Chihihuahua, Chih. México.

Getachew, G., M. Blummel, H. P. Makkar, e K. Becker. Becker. 1998. Técnicas de medição *in vitro* para avaliação da qualidade nutricional de alimentos para animais: uma revisão. Anim. Feed Sci. Technol. 72:261-281.

Gomez-Alarcon, R. A., C. Dudas e J. T. Huber. 1990. Influence of cultures of *Aspergillus oryzae* on rumen and total tract digestibility of dietary components. J. Dairy Sci. 73:703-710.

Gonzalez-San Jose, M. L., R. P. Muniz e V. B. Valls. 2001. Antioxidant activity of beer: *in vitro* and *in vivo* studies. Centro de Informação sobre Cerveja e Saúde. Departamento de Biotecnologia e Ciências da Alimentação. Universidade de Burgos. Departamento de Pediatria, Ginecologia e Obstetrícia. Universidade de Valência. Espanha.

Grace, N. 1994. Managing Trace Element Deficiencies. Nova Zelândia: AgResearch, New Zealand Pastoral Agriculture Research Institute Ltd. Nova Zelândia.

Grant, R. J. e D. R. Mertens. 1992. Desenvolvimento de sistemas tampão para controlo do pH e avaliação dos efeitos do pH na digestão da fibra *in vitro*. J. Dairy Sci. 75:1581-1587.

Groot, J. C., J. W. Cone, B. A. Williams, F. M. Debersaques e E. A. Lantinga. 1996. Análise multifásica da cinética da produção de gás para a fermentação *in vitro* de alimentos para ruminantes. Anim. Feed Sci. Technol. 64:77-89.

Gunn, P. J., M. K. Neary, R. P. Lemenager, e S. L. Lake. 2010. Efeitos da glicerina bruta sobre o desempenho e as características da carcaça de cordeiros de égua em fase de acabamento. J. Anim. Sci. 88:1771-1776.

Gutierrez, P. F. J. 2007. Efeito da manzarina nos componentes físico-químicos e na produção de leite. Tese de Mestrado. Faculdade de Zootecnia. Universidade Autónoma de Chihuahua. Chihuahua, Chih. México.

Halliwell, B. 1992. Reactive Oxygen Species in Living Things: Origin, Biochemical and Pathogenic Role in Man. In: Cristal, R. G. e J. R. Ramon, 1992. Sistema GSH. Glutatião: Eixo de Defesa Antioxidante. Excerpta Medica. Medical Communications B. V., Amesterdão. Reino dos Países Baixos.

Halliwell, B. e M. Whiteman. 2004. Measuring reactive species and oxidative damage *in vivo* and cell culture: how should you do it and what do the results mean? Br. J. Pharmacol. 142:231-255.

Hambridge, K. M., C. E. Casey e N. F. Krebs. 1986. Zinc. In trace elements in human and animal nutrition. 5 [th]ed. Walter Mertz. Academic press, Inc., Londres. U. K.

Hansen, S. L., M. S. Ashwell, L. R. Legleiter, R. S. Fry, K. E. Lloyd e J. W. Spears. 2009. The addition of high manganese to a copper-deficient diet further depresses copper status and growth of cattle. British J. Nutr. 101:10681078.

Hidiroglow, M. 1979. Manganês na nutrição de ruminantes. Can. J. Anim. Sci. 59:217-236.

Hoover, W. H. H., C. R. Kincaid, G. A. Vargas, W. H. Thayne e L. L. Junkins. 1984. Effects of solids and liquid flows on fermentation in continuous culture. IV. pH e taxa de diluição. J. Anim. Sci. 58:692-699.

INEGI. 2009. Estados Unidos Mexicanos, Censo Agropecuário. VIII Censo Agrícola, Pecuário e Florestal. Aguascalientes, Ags., México.

Ingvartsen, K. L. 2006. Feeding and management related diseases in the transition cow: Physiological adaptations around calving and strategies to reduce feeding related diseases. Anim. Feed Sci. Technol. 126:175-213.

James, S. J., M. Swendseid e T. Makinodan. 1987. Depressão mediada por macrófagos da proliferação de células T em ratos com deficiência de zinco. J. Nutr. 117:19821988.

Jensen, G. S., K. M. Patterson e I. Yoon. 2008. A cultura de levedura nutricional tem propriedades anti-microbianas específicas sem afetar a flora saudável.

Resultados preliminares. Anim. Feed Sci. Technol. 17:247-252.

Jones, D. G. e N. F. Suttle. 1981. Some effects of copper deficiency on leukocyte function in sheep and cattle (Alguns efeitos da deficiência de cobre na função leucocitária em ovinos e bovinos). Res. Vet. Sci. 31:151-156.

Kendall, N. R., D. V. Illingworth e S. B. Telfer. 2001. Copper responsive infertility in british cattle: the use of a blood caeruloplasmin to copper ratio in determining a requirement for copper supplementation. In: Diskin, M. G. (ed), Fertility in the high-producing dairy cow. Sociedade Britânica de Ciência Animal, vol. 26(2). Occasional Publication, Edinburgh. Reino Unido.

Kirchgessner, M. P. e B. R. P. Roth. R. P. Roth. 1993. Zinc in animal nutrition. Sci. Invest. Agr. 20:182-201.

Lema, M., L. Williams e D. R. Rao. 2001. Redução da disseminação fecal de *Escherichia coli* enterohemorrágica *O157:H7* em cordeiros através da alimentação com suplemento alimentar microbiano. Small Rumin. Res. 39:31-39.

Li, J., D. F. Li, J. J. Xing, Z. B. Cheng e C. H. Lai. 2006. Effects of beta-glucan extracted from *Saccharomyces cerevisiae* on growth performance, and immunological and somatotropic responses of pigs challenged with *Escherichia coli* lipopolysaccharide. J. Anim. Sci. 84:2374-2381.

Lila, Z. A., N. Mohammed, T. Yasui, Y. Kurokawa, S. Kanda e H. Itabashi. 2004. Effects of a twin strain of *Saccharomyces cerevisiae* live cells on mixed ruminal microorganism fermentation *in vitro*. J. Anim. Sci. 82:1847-1854.

Magalhaes, V. J. J. A., F. Susca, F. S. Lima, A. F. Branco, I. Yoon e J. E. P. Santos. 2008. Efeito da alimentação com cultura de levedura no desempenho, saúde e imunocompetência de bezerros leiteiros. J. Dairy Sci. 91:1497-1509.

Malecki, E. A. e J. L. Greger. 1996. O manganês protege contra a peroxidação lipídica mitocondrial do coração em ratos alimentados com níveis elevados de ácidos gordos polinsaturados. J. Nutr. 126:27-33.

Manterola, B. H., A. D. Cerda e J. J. Mira. 1999. Resíduos agrícolas e sua utilização na alimentação de ruminantes. Bagaço de Maçã *(Malus pumila)*, Utilização em Bovinos de Leite. Faculdade de Ciências Agronómicas. Universidade do Chile. Chile.

Martin, S. A. e D. J. Nisbet. 1992. Effect of direct-fed microbials on rumen microbial fermentation. J. Dairy Sci. 75:1736-1744.

McDowell, L. R. 2003. Minerals in Animal and Human Nutrition, 2ª ed. Elsevier Science B. V., Amesterdão, Países Baixos. V., Amesterdão, Países Baixos. Reino dos Países Baixos.

McNaught, C. E. e J. MacFie. 2001. Probióticos em práticas clínicas: uma revisão crítica das evidências. Nutr. Research. 21:343-353.

Morelli, L. 2002. Probióticos: Clínicas e/ou nutrição. Dig. Liver Dis. 34:8-11.

Mujibi, F. D. N., S. S. Moore, D. J. Nkrumah, Z. Wang e J. A. Basarab. 2010. Season of testing and its effect on feed intake and efficiency on growing beef cattle. J. Anim. Sci. 88:3789-3799.

Murphy, E. A., J. M. Davis, A. S. Brown, M. D. Carmichael, A. Ghaffar e E. P. Mayer. P. Mayer. 2007. Efeitos do в-glucano de aveia na atividade de explosão respiratória de neutrófilos após o exercício. Med. Sci. Sports Exerc. 39:639-644.

Murray, R. K., D. K. Granner, P. A. Mayers, e V. W. Rodwell. 2000. W. Rodwell. 2000. thHarper's Biochemistry. 25 ed. McGraw Hill Health Professional Division, Nova Iorque, EUA.

NAS, 1971. Atlas of Nutrition Data on United States and Canadian feeds (Atlas de dados nutricionais sobre as rações dos Estados Unidos e do Canadá). Academia Nacional de

Ciências, Washington, DC. U.S.A.

Newbold, C. J., F. M. McIntosh e R. J. Wallace. 1998. Alterações na população microbiana de um fermentador que simula o rúmen em resposta à cultura de leveduras. Canadian J. Animal Sci. 78:241-244.

Newbold, C. J., R. J. Wallace e F. M. Mcintosh. 1996. Modo de ação da levedura *Saccharomyces cerevisiae* como aditivo alimentar para ruminantes. British J. Nutr. 76:249-261.

Newbold, C. J. e L. M. Rode. 2006. Dietary Additives to Control Methanogenesis in the Rumen (Aditivos dietéticos para controlar a metanogénese no rúmen). Páginas 138-147 em Greenhouse Gases and Animal Agriculture: An update. Elsevier, Amesterdão. Países Baixos. Reino dos Países Baixos.

Nocek, J. E., M. G. Holt e J. Oppy. 2011. Efeitos da suplementação com cultura de levedura e levedura hidrolisada enzimaticamente no desempenho de bovinos leiteiros no início da lactação. J. Dairy Sci. 94:4046-4056.

NRC. 1996. [th]Nutrient Requirements of Beef Cattle, 7 ed. Washington, DC: National academy Press. U.S.A.

Ofek, I., D. Mirelman e N. Sharon. 1977. Adesão de *Escherichia coli* a células da mucosa humana mediada por receptores de manose. Nature. 265:623- 625.

Opatpatanakit, Y., R. C. Kellaway, I. J. Lean, G. Annison e A. Kirby. 1994. Fermentação microbiana de grãos de cereais *in vitro*. Aust. J. Agric. Res. 45:1247-1263.

Noguera, R. R., E. O. Saliba e R. M. Mauricio. 2004. Comparação de modelos matemáticos para estimar parâmetros de degradação obtidos através da técnica de produção de gás. Pesquisa Pecuária para o Desenvolvimento Rural. Vol. 16, Art. No. 86. http://www.lrrd.org /lrrd16/11/nogu16086.htm. Acedido em 10 de outubro de 2012.

Prohaska, J. R. e M. L. Failla. 1993. Copper and Immunity. [th]In: Klurfeld, D. M. Human Nutrition a Comprehensive Treatise, 5 ed. Plenum press, New York. U. S. A.

Reed, G. e T. Nagodawithana. 1991. Yeast Technology. 2ª ed. AVI, Van Nostrand Reinhold Publ. Nova Iorque. U.S.A.

Reeves, P. G., N. V. C. Ralston, J. P. Idso e H. Lukaski. 2004. Efeitos contrastantes e cooperativos das deficiências de cobre e ferro em ratos machos alimentados com diferentes concentrações de manganês e diferentes fontes de aminoácidos sulfurados numa dieta à base de AIN-93G. J. Nutr. 134:416-425.

Rodriguez, M. C., J. F. Lucero, A. N. Melendez, H. E. Rodriguez, C. G. Hernandez e O. B. Ruiz. 2006. Consumo de forragem e ganho de peso em bezerros comerciais de exportação suplementados com blocos multi-nutrientes feitos com manzarina. Memorias, página 86, XXXIV reunião anual da associação mexicana de produção animal e X reunião bienal do grupo norte mexicano de nutrição animal. Universidad Autonoma de Sinaloa, Mazatlan, Sinaloa, México.

Rook, G. A. e L. R. Burnet. 2005. Microbes, immunoregulation and the gut. Gut. 54:317-320.

Rumsey, T. S. 1978. Produtos de fermentação ruminal e amoníaco plasmático de novilhos fistulados alimentados com dietas de bagaço de maçã e ureia. J. Anim. Sci. 47:967-976.

Sanchez, B., C. G. De Los Reyes-Gavilan, A. Margolles e M. Gueimonde. 2009. Leites fermentados probióticos: Presente e futuro. Int. J. Dairy Technol. 62:472-483.

Saura-Calixto, Y. e J. A. Larrauri. 1996. Novos tipos de fibras alimentares de alta qualidade. Rev. Alim. Equip. Technol. 1:71-74.

SIAP. 2012. População Pecuária. Gado bovino, 1999-2008. http://www.siap.gob.mx/index.php?option=com_content&view=article&id = 3&Itemid=29. Acedido em 15 de setembro de 2012.

Spears, J. W. 2000. Micronutrientes e função imunitária em bovinos. Proc. Nutr. Soc. 59:587-594.

Spolders, M. 2007. New Results of Trace Element Research in Cattle (Novos resultados da investigação sobre oligoelementos em bovinos). [th]In: M. Furll (ed.), Proceedings of 13 International Conference on Production Diseases in Farm Animals, Leipzig, Alemanha.

Spolders, M. S. Ohlschlager, J. Rehage e G. Flachowsky. 2010. Diferenças inter-individuais e intra-individuais nas concentrações séricas de cobre e zinco após a alimentação com diferentes quantidades de cobre e zinco durante duas lactações. J. Anim. Physiol. Anim. Nutr. 94:162-173.

Stephens, T. P., G. H. Longeragan, E. Karunasena e M. M. Brashears. 2007. Reduction of *Escherichia coli O157* and *Salmonella* in feces and on hides of feedlot cattle using various doses of a direct-fed microbial. J. Food Prot. 70:2386-2391.

Sunvold, G. D., G. C. Fahey, Jr., N. R. Merchen, e G. A. Reinhart. 1995. *In vitro* fermentation of selected fibrous substrates by dog and cat fecal inoculum: Influence of diet composition on substrate organic matter disappearance and short-chain fatty acid production. J. Anim. Sci. 73:1110-1122.

Swanson, K. S., C. M. Grieshop, G. M. Clapper, R. G. Shields, Jr., T. Belay, N. R. Merchen e G. C. Fahey, Jr. 2001. Fruit and vegetable fiber fermentation by gut microflora from canines. J. Anim. Sci. 79:919-926.

Swenson, M. J. e W. O. Reece. 1993. [th]Duke's Physiology of Domestic Animals. 11 ed. Comstoch Publications Assoc. U.S.A.

Theodorou, M. K., B. A. Williams, M. S. Dhanoa, A. D. B. McAllan e J. France. 1994. Um método simples de produção de gás utilizando um transdutor de pressão para determinar a cinética de fermentação de alimentos para ruminantes. Anim. Feeds Sci. Technol. 48:185-197.

Tremellen, K. 2008. Stress oxidativo e infertilidade masculina - uma perspetiva clínica. Hum. Reprod. Update. 14:243-258.

Vallee, B. L. e D. S. Auld. 1990. Coordenação do zinco, função e estrutura das enzimas de zinco e outras proteínas. Biochem. 29:5647-5659.

van Bruwaene, R., G. B. Gerber, R. Kirchmann, J. Colard e J. van Kerkom. 1984. Metabolismo de Cr. Mn. Fe e Co em vacas leiteiras em lactação. Health Phys. 46:1069-1082.

van der Peet-Schwering, C. M. C., A. J. M. Jansman, H. Smidt e I. Yoon. 2007. Effects of yeast culture on performance, gut integrity, and blood cell composition of weanling pigs. J. Anim. Sci. 85:3099-3109.

Waller, K. P., U. Gronlund e A. Johannisson. 2003. Infusão intramamária de beta 1,3-glucano para prevenção e tratamento da mastite por *Staphylococcus aureus.* J. Vet. Med. B. 50:121-127.

Ward, J. D., e J. W. Spears. 1999. The effects of low-copper diets with or without supplemental molybdenum on specific immune responses of stressed cattle. J. Anim. Sci. 77:230-237.

Williams, B. A. 2000. Cumulative Gas Production Techniques for Forage Evaluation (Técnicas de produção cumulativa de gás para avaliação de forragens). Em: Givens D. I., Owen E, Omed H. M. e Axford R. F. E. (ed). Forage Evaluation in Ruminant Nutrition. Wallingford. Wallingford.

Y   oon, I. K. e M. D. Stern. 1996. Efeitos das culturas de *Saccharomyces cerevisiae* e *Aspergillus oryzae* na fermentação ruminal em vacas leiteiras. J. Dairy Sci. 79:411-417.

Y   oung, B. A., B. Walker, A. E. Dixon e V. A. Walker. 1989. Physiological adaptation to the environment. J. Anim. Sci. 67:2426-2432.

Y   urttas, H. C., H. W. Schafer e J. J. Warthesen. 2000. Antioxidant activity of nontocopherol hazelnut *(Corylus spp.)* phenolics. J. Food Sci. 65:276280.

INÓCULO DE LEVEDURA E BAGAÇO DE MAÇÃ FERMENTADO NA DIETA DE NOVILHOS ANGUS EM CRESCIMENTO SOBRE O DESEMPENHO PRODUTIVO E O SISTEMA IMUNITÁRIO

RESUMO

O objetivo do estudo foi avaliar o efeito de um inóculo de levedura (YI) e de bagaço de maçã fermentado (BMZN) na dieta de vitelos Angus em crescimento sobre o desempenho e o sistema imunitário. Vinte e seis bezerros de quatro meses de idade (PV=112±6,2 kg) foram distribuídos aleatoriamente em três tratamentos: T1 (controlo, n=9), T2 (BMZN, n=9) e T3 (IL, n=8), alimentados com as seguintes dietas: T1: feno de aveia (HA) + silagem de milho (EM) + concentrado; T2: HA + EM + concentrado + BMZN; T3: HA + EM + concentrado + IL. As dietas foram isoproteicas (28,8 % PB) e isoenergéticas (1,26 Mcal/kg MS). As variáveis avaliadas foram peso vivo (PV), ganho de peso diário (GPD), consumo diário de ração (CAD), conversão alimentar (CA) e concentrações séricas de Zn, Mn e Cu. Além disso, foram quantificadas a atividade antioxidante (AA) no plasma sanguíneo e a biometria hemática (BH) no sangue total. As variáveis foram avaliadas a cada 28 dias de teste, exceto a BH (56 e 84 dias). As variáveis do teste comportamental foram analisadas com um modelo estatístico que incluiu o tratamento como efeito fixo. Na concentração de Zn, Mn, Cu, AA e BH, o tratamento e a amostragem foram incluídos como efeitos fixos; e o animal foi incluído como efeito aleatório. T3 foi superior (P<0,05) em CDA e CA (8,512±0,12 kg/d e 1,530±0,03, respetivamente). No Zn, T1, T2 e T3 apresentaram as menores concentrações (P<0,05) no 56° dia de amostragem (11,14±2,77, 10,56±2,81 e 12,30±2,90 pmol/L, respetivamente). O Mn apresentou uma diferença significativa (P<0,05) no 28° dia de amostragem, com T2 e T3 apresentando a menor concentração (4,29±2,11 e 7,28±2,22 pmol/L). No 28° dia de amostragem, T1, T2 e T3 apresentaram concentrações mais baixas (P<0,05) de Cu (8,04±2,34, 8,32±2,34 e 9,76±2,47 pmol/L). O AA revelou efeito de tratamento (P<0,05) no dia 84 do teste, sendo T2 e T3 mais elevados com 15,72±0,03 e 15,71±0,03 mmol/L, respetivamente. [33]T1 e T2 apresentaram a maior concentração (P<0,05) de Leu no d^a 84 (9,82±0,95 e 11,11±0,95 x 10 /pL, respetivamente) e Lin (7,30±0,92 e 8,73±0,92 x 10 /pL). Conclui-se que o T3 aumentou o CDA e o CA, por outro lado, manteve a quantidade de Leu e Lin próxima do nível máximo, sem apresentar variações significativas ao longo do tempo.

INTRODUÇÃO

Os probióticos são aditivos alimentares que contêm microrganismos que, quando adicionados aos alimentos para animais, permanecem activos no trato digestivo, exercendo efeitos fisiológicos importantes que contribuem para o equilíbrio do ambiente ruminal e do sistema imunitário, com efeitos benéficos no desempenho produtivo (Desnoyers *et al.*, 2009); no entanto, o mecanismo do efeito dos produtos de levedura não é totalmente compreendido. As culturas vivas de *Saccharomyces cerevisiae* produzem enzimas, vitaminas B, minerais e vários tipos de aminoácidos (van der Peet-Schwering *et al.*, 2007) e, consequentemente, estimulam a absorção de nutrientes, criando um ambiente intestinal saudável e melhorando o sistema imunitário (Czarnecki-Maulden, 2008). Por outro lado, os minerais vestigiais como o zinco, o cobre e o manganês são elementos que desempenham um papel importante em várias funções corporais necessárias para manter uma saúde óptima e, por conseguinte, são nutrientes essenciais para todos os animais (Aksu *et al.*, 2011), exercendo o seu efeito no crescimento adequado, na reprodução, nas vias de secreção hormonal e na resposta imunitária (Dorton *et al.*, 2007). Do mesmo modo, os antioxidantes podem fazer parte de enzimas que, direta ou indiretamente, protegem as células contra os efeitos adversos de numerosos medicamentos e substâncias cancerígenas (Huerta *et al.*, 2005). A adição de antioxidantes à dieta dos animais domésticos melhora a resposta imunitária e diminui o stress oxidativo, levando a uma maior resistência a doenças infecciosas e degenerativas (Chew, 1995). O bagaço de maçã fermentado é rico em antioxidantes, minerais orgânicos e leveduras que podem ajudar a manter a saúde do animal que o consome. É de baixo custo e tem nutrientes que são altamente fermentáveis por microrganismos como leveduras e bactérias no rúmen (Becerra *et al.*, 2008 e Rodriguez-Muela *et al.*, 2010).

Com base neste contexto, o objetivo deste estudo foi avaliar o efeito de um inóculo de levedura e bagaço de maçã fermentado na dieta de vitelos Angus em crescimento e o seu efeito no desempenho, na concentração sérica de minerais, na atividade antioxidante do plasma e na biometria hemática. Os resultados desta investigação permitirão aos produtores e aos nutricionistas de gado tomar uma decisão para melhorar o desempenho e o sistema imunitário dos vitelos sujeitos ao stress do desmame.

MATERIAIS E MÉTODOS

Localização da área de estudo

O presente estudo foi desenvolvido nas instalações do rancho La Canada, localizado no município de Guerrero, Chihuahua, Chih, México. ®Localizado nas coordenadas 28° 33' 05" de latitude norte e 106° 30' 07" de longitude oeste, com uma altitude de 2.010 m.s.l., segundo o sistema de posicionamento global (GPS, MAGELLAN , MobileMapper-Pro).

O clima é temperado semi-húmido; a temperatura média anual é de 13 °C, com uma máxima média de 42 °C e uma mínima média de -17,6 °C. A precipitação média anual é de 517,2 mm, com uma humidade relativa de 65 % e uma média anual de 90 dias de chuva (INAFED, 2010). A experiência teve início a 17 de fevereiro e terminou a 25 de maio de 2011.

Descrição dos animais e dos tratamentos

Foram utilizados 27 bezerros Angus desmamados com peso inicial de 112±6,2 kg e idade média de quatro meses. Os vitelos foram distribuídos aleatoriamente por três tratamentos; T1 (controlo, n=9): feno de aveia (HA) + silagem de milho (EM) + concentrado; T2 (BMZN, n=9): HA + EM + concentrado + BMZN e T3 (IL, n=8): HA + EM + concentrado + IL. Os concentrados (Tabela 1) foram adicionados à HA e EM no momento da oferta da ração.

O BMZN foi preparado com 75 kg de resíduos de maçã, aos quais foram adicionados 350 g de ureia + 100 g de sulfato de amónio + 200 g de pré-mistura de vitaminas e oligoelementos, depois misturados num fermentador aeróbio durante 72 h, mantendo a mistura durante 15 min em cada momento (0, 6, 12, 24, 48 e 48 h), e depois misturados durante 15 min em cada momento (0, 6, 12, 24, 48 e 48 h).

Quadro 1. Composição dos alimentos concentrados por tratamento

Ingredientes	T1	T2	T3
% (BS)			
Maᐱz rolou	32.0	30.6	32.0
Melaço	10.0	5.0	8.0
Flourolina 41 % p.c.	20.6	15.0	20.6
Farinha de soja 44 % p/p	30.0	30.0	30.0
Carbonato de cálcio	2.4	2.4	2.4
BMZN[2]	0.0	12.0	0.0
Sal comum	2.0	2.0	2.0
Minerais e vitaminas12:10[1]	3.0	3.0	3.0
Inóculo de levedura	0.0	0.0	2.0
Análise calculada			
ENg Mcal/kg	1.26	1.25	1.26
PC % P.C.	28.81	28.83	28.89
PD % PD % PD % PD % PD % PD % PD % PD % PD % PD % PD % PD % PD %	53.91	51.78	53.07
Ca % Ca % Ca % Ca % Ca % Ca % Ca % Ca % Ca % Ca % Ca % Ca % Ca	1.67	1.77	1.68
P %	0.98	0.99	0.99
Cu mg/kg	16.12	13.75	15.32
Mn mg/kg	31.66	30.18	31.17
Zn mg/kg	42.48	40.32	42.70

[1]Mistura de vitaminas e minerais 12:10: P, Ca e Mg (12,0, 11,5, 0,6 %), Mn, Zn, Fe, Cu, I, Co e Se (2160, 2850, 580, 1100, 102, 13, 9 ppm), Vitamina A, D3 e E (220000, 24500, 30 UI/kg).
[2]BMZN = Bagaço de maçã fermentado.

72 h). Esta quantidade de mistura é preparada em duas fases, a primeira para preparar o concentrado para os meses de fevereiro e março (600 kg) e a segunda para os meses de abril e maio (600 kg).

Material biológico

As quatro estirpes de leveduras utilizadas para este trabalho foram obtidas a partir da fermentação em estado sólido de bagaço de maçã (BM), que foram identificadas através da extração e amplificação do 18S rDNA por reação em cadeia da polimerase (PCR) no laboratório de transgénese animal da Faculdade de Zootecnia e Ecologia da Universidade Autónoma de Chihuahua. Para a identificação, foi realizada uma cultura de levedura por diluição em série e foram isoladas 16 colónias das quais foi extraído ADN para amplificar uma região do rDNA 18S (752 pb). O produto de PCR obtido foi submetido a sequenciação e analisado utilizando o programa Blast da base de dados do *Centro Nacional de Informação Biotecnológica* (NCBI).

A análise da sequência mostrou que as leveduras correspondentes às 16 colónias isoladas eram: *Saccharomyces cerevisiae; Issatchenkia orientalis* e *Kluyveromyces lactis* (Villagran *et al.*, 2009). As estirpes utilizadas para este trabalho foram as estirpes 2 e 11 de *K. lactis*; a estirpe 3 de *I. orientalis* e a estirpe 6 de *S. cerevisiae*, todas obtidas a partir da fermentação em estado sólido de WB. As estirpes foram mantidas viáveis por sementeira periódica em berços e placas de Petri. O meio utilizado foi o extrato de malte a 33,6 g/L e o tempo de incubação foi de 48 horas a 30 °C. As estirpes foram então armazenadas a 30 °C. As estirpes foram incubadas durante 48 horas. Posteriormente, foram mantidas no frigorífico a uma temperatura de 4 °C. O IL utilizado na presente experiência foi preparado em 5 potes de 20 L, a 4 deles foram adicionadas culturas de leveduras provenientes de 3 caixas de Petri de cada uma das estirpes acima descritas, adicionando a cada um dos 5 potes, 6 g de ureia, 1 g de sulfato de amónio, 500 g de melaço de cana, 2,5 g de pré-mistura de vitaminas e minerais e 6 L de água destilada. Cada pote foi equipado com um oxigenador portátil durante 96 h, a fim de fornecer o oxigénio necessário para promover o crescimento da levedura.

Posteriormente, foram coletadas amostras de 10 mL de cada frasco em garrafas plásticas de 50 mL hermeticamente fechadas, que foram transferidas para o Laboratório de Nutrição Animal para a contagem de leveduras por microscopia, com o auxílio de uma micropipeta (Nichiryo LE) com volume de 10 a 100 pL e ponteiras descartáveis, Foi preparada uma diluição seriada de 1 mL de amostra, utilizando água destilada como diluente, em seguida foram retirados 10 pL da diluição de cada amostra e colocados em um hematurtômetro (câmara de Neubauer) para contagem (Diaz, 2006).

[29]O número de células individuais ou agrupadas foi contado nos 4 quadrantes (1 mm cada) como indicado na Figura 1. A média por quadrante foi determinada e o número de células por mililitro (célula/mL) foi calculado, ajustando o número de cada estirpe a 3,7 x 10 células/mL em 500 mL por diluições com o substrato sem levedura, para adicionar 2 L de inóculo ao concentrado T3.

Gestão de animais

Antes do início do experimento, os bezerros foram pesados e identificados com brincos plásticos, vacinados por via intramuscular (IBR, BVD, PI3, VRSB) na dose de 2 ML/animal, vermifugados interna e externamente via subcutânea com Ivermectina 1% (1 mL/50 kg de PV). [2]Posteriormente, os vitelos foram divididos aleatoriamente em três grupos de nove vitelos, sendo cada grupo constituído por três compartimentos (18 m) com chão de terra batida,

Área (Cuadrante) para conteo de células de mayor tamaño (e.g. levaduras)

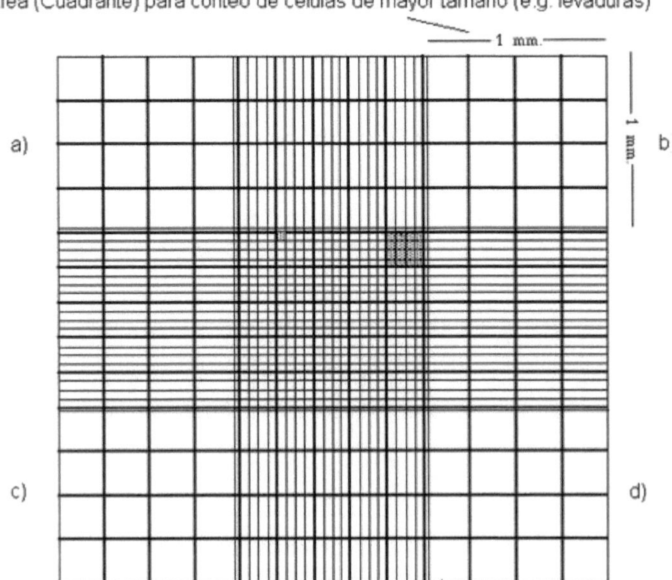

Figura 1: Grelha de um hematocitómetro (câmara de Neubauer). a, b, c e d, são os quatro quadrantes utilizados para a contagem das leveduras, com uma superfície total de 4 mm2, o espaço entre uma lamela e a superfície da câmara de Neubauer, utilizando os limites de cada quadrante como guia, tem um volume de 0,1 mm3.

Os animais foram alimentados *ad libitum* uma vez ao dia às 9:00 h. Três dietas de crescimento foram utilizadas durante o experimento (NRC, 1996), oferecendo 1,2 kg de AH e 1,7 kg de EM na base da matéria seca (MS), com a adição de 1,2 kg de MS e 1,7 kg de EM na base da matéria seca (MS). Durante o experimento foram utilizadas três dietas de crescimento (NRC, 1996), oferecendo 1,2 kg de AH e 1,7 kg de EM com base na matéria seca (MS), adicionando 1,2 kg de concentrado de MS por animal por dia de acordo com o tratamento correspondente. A cada 14 dias, o consumo de ração foi ajustado por meio da pesagem da ração ofertada e rejeitada por três dias consecutivos, onde apenas os kg de AH e SM foram aumentados em 15%, garantindo a disponibilidade da dieta ao longo do dia.

Um bezerro foi descartado do ensaio, devido a causas não relacionadas com o efeito do tratamento, de modo que o tamanho da amostra de T3 foi de 8 bezerros.

Amostragem

Temperatura ambiente. A temperatura ambiente (RT) máxima e mínima foi registada diariamente com um termómetro de mercúrio às 7:00 e às 13:00 horas.

Comportamento produtivo. As variáveis do teste comportamental foram medidas na linha de base e a cada 28 dias ao longo da experiência, pesando os vitelos individualmente nos dias 1, 28, 56 e 84 do teste, utilizando uma balança REVUELTA® com uma capacidade de 1500 kg para determinar o peso vivo (PV). Os alimentos oferecidos e rejeitados foram registados três dias consecutivos por pocilga, a meio de cada período de pesagem, utilizando uma balança manual PEXA para calcular a ingestão de matéria seca (DMI), ajustada para 10% de rejeição.

Para calcular o ganho de peso diário (GMD), foi efectuada uma subtração entre pesagens consecutivas e o produto foi dividido por 28, que é o número de dias decorridos entre as pesagens. A informação obtida sobre a CMS e o GDP foi utilizada para determinar o rácio de conversão alimentar (FCR), que é a relação entre a quantidade de ração consumida e o ganho de peso durante um período de 28 dias.

Amostras de sangue. Foram colhidos quatro tubos de amostras de sangue por animal, por punção direta da veia jugular, após a pesagem individual e antes de receberem a dieta durante a manhã, sendo estas amostras conservadas numa geleira com gelo.

Determinação dos minerais no soro. ®Para a medição de Zinco (Zn), Manganês (Mn) e Cobre (Cu), foram recolhidos dois tubos Vacutainer (sem anticoagulante) no início e a cada 28 dias do teste. As amostras obtidas foram centrifugadas a 3500 *xg* durante 10 min a 4 °C para extrair o soro sanguíneo; o sobrenadante foi recolhido em frascos âmbar de 10 mL pré-rotulados e subsequentemente congelado a - 20 °C até à análise. Antes da sua medição, foram descongelados em refrigeração a 4 °C e, em seguida, foram colhidas três subamostras de 2 mL para cada mineral (Zn, Mn e Cu) em tubos de 5 mL (BD Falcon), adicionando ácido tricloroacético (ATCA) a 20 % (1 mL ATCA: 1 mL de soro), agitação em vórtex (Vortex Genie II) durante 10 segundos (s) e, em seguida, centrifugação a 3500 *xg* durante 10 min e a 4 °C para obter um sobrenadante desproteinizado, a quantidade de sobrenadante foi então diluída com água destilada na mesma proporção (1 mL:1 mL).A análise foi efectuada com padrões preparados com glicerol para manter as características de viscosidade das amostras diluídas. Todas as soluções utilizadas foram preparadas com água tridestilada.

A solução padrão de Zn (ZnSO^7H2O) foi preparada com 1,09 g diluída em 250 mL de água tridestilada, com adição de 5 % de glicerol; o padrão de Mn (MnSO^O) foi preparado com 0.77 g diluídos em 250 mL de água tridestilada, com adição de 10 % de glicerol; e a solução padrão de Cu (CuSO4^O) foi preparada com 9,71 mL diluídos em 100 mL de água destilada, com adição de 10 % de glicerol. As soluções de trabalho dos padrões foram preparadas um dia antes da análise das amostras. Todas as amostras foram analisadas em duplicado por espetrofotometria de absorção atómica (AAnalyst 200, Perkin-Elmer instruments), seguindo as recomendações de Makino e Takahara (1981), sendo os resultados apresentados em partes por milhão (ppm).

[®]**Medição da atividade antioxidante plasmática (AA):** Para a medição da atividade antioxidante (AA), foi recolhida uma amostra num tubo Vacutainer (7,2 mg de EDTA como anticoagulante) no início e a cada 28 dias da experiência. As amostras destinadas à determinação da AA foram transferidas para o laboratório de nutrição animal da Faculdade de Zootecnia e Ecologia, onde foram centrifugadas a 3500 xg durante 10 min a 4 °C, o plasma foi decantado em frascos âmbar de 10 mL de capacidade, previamente etiquetados, e depois congelados a - 20 °C até ao momento da medição. Esta variável foi analisada com a técnica desenvolvida por Benzie e Strain (1996), que tem como objetivo medir a capacidade do plasma em reduzir o ferro ou FRAP (Ferric Reductive Ability of Plasma). Esta técnica é realizada por colorimetria, diluindo as amostras de plasma em água destilada e metanol (73,75 % de água destilada, 25 % de metanol e 1,25 % de plasma).

[232]Solução-tampão (300 mM C H NaO2^H O, pH 3,6), adicionou-se 3,1 g de acetato de sódio tri-hidratado, 16 mL de ácido acético glacial (C2H4O2) e completou-se até 1 litro (L) com água destilada, esta solução foi conservada a 4 °C; 2.- Solução de ácido clorídrico (HCl) 40 mM, 1,46 mL de HCl concentrado foi adicionado a um balão de 1 L e completado até 1 litro (L) com água destilada, esta solução foi preservada à temperatura ambiente; 3.- Solução de tris-piridil-triazina (TPTZ; 10 mM/L de 2,4,6- trispiridil-s-triazina), misturou-se 0,031 g de TPTZ em 10 mL da solução 2, este reagente foi preparado no momento da utilização; 4.- Solução de cloreto férrico hexa-hidratado (20 mM [FeC^6H2O]), 0,054 g foram misturados em 10 mL de água destilada, esta solução foi preparada um dia antes da utilização e conservada em refrigeração (4 °C).

A solução FRAP foi composta pelas soluções 1, 3 e 4 numa proporção de 10:1:1 (v/v/v/v), tendo este reagente sido preparado no momento em que as amostras foram preparadas para análise, uma vez que não pode ser conservado.

[2]A solução padrão para a curva de calibração foi preparada com 0,0417 g de sulfato ferroso heptahidratado (FeSO<7H O) diluído em 50 mL de metanol grau HPLC ([CH3OH]), com esta mistura foram preparadas amostras de 0,0 (branco), 0,2, 0,4, 0,6, 0,8 e 1.0 mL, a estas quantidades adicionou-se metanol (exceto à última) até completar 1 mL e posteriormente a cada uma adicionou-se 3 mL de água destilada, agitou-se em vórtex durante 10 s, posteriormente analisou-se cada ponto da curva em triplicado, extraindo 200 pL de cada ponto e adicionando 1,Adicionou-se 800 pL de solução FRAP a cada tubo em triplicado, agitou-se novamente em vortex e após 10 min de repouso à temperatura ambiente, fez-se a leitura num espetrofotómetro Coleman [Junior®] II modelo 6/20 a uma absorvância de 593 nanómetros (nm). Com os dados obtidos, foi elaborada uma curva de previsão com base numa equação de regressão.

Uma vez descongelado o plasma, procedeu-se à preparação das amostras, tendo-se recolhido 7 pL de plasma e adicionado a um tubo no qual foram previamente adicionados 200 pL de água, tendo-se em seguida adicionado 195 pL de metanol e misturado e agitado em vórtice 195 pL de metanol, tendo-se adicionado a esta mistura 2000 pL de solução FRAP, após 10 minutos de repouso efectuou-se a leitura a uma absorvância de 593 nm. O branco foi preparado da mesma forma que as amostras, exceto que foram adicionados 7 pL de água destilada, as amostras e o branco foram preparados em triplicado. Utilizando a equação e a absorvância da amostra, foi calculado o AA por micromolar (pm) de plasma sanguíneo, sendo os resultados expressos em equivalentes micromolares de [Fe2] (pm [Fe2]).

Biometria hemática (Hb). Para analisar a biometria hemática (BH), foi colhido um tubo Vacutainer® (7,2 mg de EDTA como anticoagulante) nos dias 56 e 84 da experiência. Os diferentes componentes do sangue foram determinados em quantidade, percentagem e peso da seguinte forma: Leucócitos (Leu), Neutrófilos (Neu), Linfócitos (Lin), Células mistas (Cm), Eritrócitos (Er), Hemoglobina (Haem), Hematócrito (Hto), Volume corpuscular médio (MCV), Hemoglobina corpuscular média (MCH), Concentração de hemoglobina corpuscular média (MCHC) e Plaquetas (Pq). [®]As amostras de BH foram enviadas para o ASSAY Laboratorio Cloco S. de R. L. de C. V., onde foram analisadas utilizando um citómetro Beckman Coulter /act/dif/1al. **Análise estatística**

As variáveis do teste comportamental, como PV, CDA, GDP e CA, foram analisadas tomando o tratamento como efeito fixo e o peso inicial como covariável num delineamento inteiramente casualizado. Por outro lado, o Zn, Mn, Cu, AA e BH foram analisados tendo como efeitos fixos o tratamento e a amostragem, e a sua interação, e como efeito aleatório o animal, tendo sido utilizado o teste de Tukey para estabelecer as possíveis diferenças entre as médias dos tratamentos (Steel e Torrie, 1997).

RESULTADOS E DISCUSSÃO

Temperatura ambiente

O TA médio registado durante os meses desta experiência é apresentado no quadro 2. A TA é provavelmente a variável mais estudada e, ao mesmo tempo, a mais utilizada como indicador de stress. Os efeitos da temperatura ambiente no desempenho animal têm sido amplamente estudados em bovinos (Mujibi *et al.*, 2010), tendo-se verificado que um animal, dentro da sua capacidade genética e fisiológica, se ajusta continuamente para fazer face às alterações ambientais (Young *et al.*, 1989). Por outro lado, Arias (2006) referiu que a temperatura ambiente de conforto efectiva é o estado constante da temperatura corporal, que pode ser mantido sem a necessidade de ajustes fisiológicos ou comportamentais.

Neste estudo, é provável que os animais tenham sofrido stress pelo frio e, em resposta, tenham aumentado a ingestão de alimentos para gerar calor metabólico, o que é consistente com Young (1983), que referiu que os animais expostos a baixas temperaturas desencadeiam vários mecanismos termorreguladores, segundo os quais as necessidades de manutenção permanecem inalteradas até que a temperatura crítica seja ultrapassada; em contrapartida, podem ocorrer danos nos tecidos, danos no sistema imunitário e uma diminuição da resposta reprodutiva e de crescimento (Moberg, 1987).

Testes comportamentais

Houve um efeito significativo (P<0.05) no ADC e AC como consequência da dieta (Tabela 3). Os bezerros T3 foram superiores aos bezerros T2.

Tabela 2: Temperatura média ambiental registado durante o experimental

Data	Amostragem diaob-	Temperatura °C[a]	
		Máxima	Mínimos
17-fevereiro / 01-março	1	24.3	-7.3
02-março / 30-março		27.2	-3.0
31 de março / 27 de abril	56	30.4	0.9
28-abril / 25-maio	84	30.7	2.6
Média		28.1-1.7	

[a] A temperatura máxima e mínima corresponde à média registada ao longo dos dias das datas indicadas.

bDias de amostragem para a duração da experiência.

Tabela 3: Médias (± SE) do desempenho produtivo de bezerros alimentados com três dietas diferentes.

Variáveis	Tratamentos[II]		
	T1	T2	T3
Peso vivo, kg	184.96±4.34[a]	178.34±4.36a	183,60±4,6ia
ADC, kg/d	7.89±0.12[b]	7.54±0.12[b]	8.51±0.12a
PIB, kg/d	0.86±0.05a	0.79±0.05a	0.85±0.05a
CA	1.39±0.03[b]	1.38±0.03[b]	1.53±0.03a

(P<0,05) no CAD (8,512 ±0,12 kg/d) e no GDP (1,530±0,03) do que aqueles que receberam bagaço de maçã fermentado e a dieta controle. No entanto, embora os bezerros que receberam IL na dieta tenham apresentado um efeito no CAD e CA, não houve diferença (P>0,05) no PC e PIB quando comparados aos outros dois tratamentos. É possível que o IL tenha estimulado o crescimento numérico de bactérias celulolíticas e aumentado a fermentação da fibra ao nível do rúmen, aumentando assim o consumo de ração sem melhorar o PC e o GDP.

De acordo com outros estudos, o aumento do consumo diário de ração observado resulta de um aumento da degradação ruminal da fibra devido à adição da cultura de levedura (Newbold *et al.*, 1996), o que parece estar associado à estimulação do crescimento e da atividade das bactérias celulolíticas, aumentando o fluxo de proteínas para o intestino delgado, o que se espera que melhore o desenvolvimento do animal devido à maior disponibilidade de nutrientes (Bm^k e Urkmen, 2001). Young (1983) indicou que os animais expostos a condições de frio abaixo da temperatura corporal estão associados a uma aclimatação metabólica, que se traduz num aumento da produção de calor para manter as funções vitais do organismo. Delfino e Mathison (1991) referiram provas de que as baixas temperaturas conduzem a um comportamento pouco eficiente em termos de alimentação.

No presente estudo, a TA extrema registada durante o ensaio limitou possivelmente a expressão do potencial produtivo dos animais. A menor produção durante o inverno está associada a uma maior necessidade de energia para a manutenção e a uma menor digestibilidade dos alimentos (Arias *et al.*, 2008), devido ao aumento da atividade da glândula tiroide que influencia o trato gastrointestinal, provocando um aumento da motilidade intestinal e da taxa de passagem dos alimentos (NRC, 1996). Noutro estudo, foi referido que o consumo de ração aumentava no inverno sem qualquer efeito sobre a eficiência alimentar, pelo que a energia alimentar era canalizada para atenuar os efeitos das condições meteorológicas adversas, como o aumento da produção de calor ou a acumulação de gordura corporal para ajudar a diminuir a perda de calor (Mujibi *et al.*, 2010).

Concentração de minerais no soro

Zinco. A Tabela 4 apresenta a concentração no soro sanguíneo, mostrando significância (P<0,05) no dia da amostragem. O Zn ultrapassou o nível mais elevado dentro da espécie, exceto no dia 56, sendo neste dia que os três tratamentos registaram a concentração mais baixa (P<0,05), com valores de 11,14±2,77, 10,56±2,81 e 12,30±2,90 pmol/L para T1, T2 e T3, respetivamente. Da mesma forma, no final da experiência, o T2 revelou uma diferença (P<0,05) com 22,29±2,81 pmol/L, mais baixa aos 1 e 28 d de amostragem, mas mais elevada aos 56 d. Os valores de referência para o Zn variam entre 13,96 e 16,43 pmol/L (McDowell e Arthington, 2005).

A concentração de Zn mostrou-se significativa à medida que os níveis aumentavam a temperaturas mais baixas. O papel específico do Zn na resposta imunitária não é

[a,b] As médias com diferentes literais de linha são diferentes (P<0,05) entre tratamentos.
[II] T1 = Feno de aveia (HA) + silagem de milho (EM) + concentrado; T2 = HA + EM + concentrado + bagaço de maçã fermentado (BMZN); T3 = HA + EM + concentrado + inóculo de levedura (IL).

completamente claro, no entanto, é considerado essencial para a integridade do sistema imunitário (Hambridge *et al.*, 1986). Murray *et al.* (2000) mencionaram que o Zn é um componente estrutural da enzima superóxido dismutase (SOD), que ajuda a eliminar os radicais livres produzidos no organismo durante uma resposta imunitária. Droke e Spears (1993) publicaram que a resposta imunitária de cordeiros alimentados com zinco marginalmente deficiente (8,7 mg/kg DM) na sua dieta não revelou diferenças em relação aos cordeiros que receberam

Tabela 4: Médias (± SE) da concentração de zinco (pmol/L) no soro sanguíneo de bezerros alimentados com três dietas diferentes.

Dia de amostragem	T1	Tratamentos[1] T2	T3
1	31.38 ± 2.77^{x}	31.65 ± 2.81^{x}	31.15 ± 2.90^{x}
	30.03 ± 2.77^{x}	36.75 ± 2.81^{x}	29.62 ± 2.90^{x}
56	11.14 ± 2.77^{y}	10.56 ± 2.81^{z}	12.30 ± 2.90^{y}
	29.05 ± 2.77^{x}	22.29 ± 2.81^{y}	24.76 ± 2.90^{x}

^{x,y,z} As médias com letras diferentes na coluna são diferentes ($P<0,05$) entre os dias de amostragem.

[1] T1 = Feno de aveia (HA) + silagem de milho (EM) + concentrado; T2 = HA + EM + concentrado + bagaço de maçã fermentado (BMZN); T3 = HA + EM + concentrado + inóculo de levedura (IL).

quantidades adequadas de zinco (44,0 mg/kg MS). No entanto, neste estudo o Kmite fisiológico mais baixo foi obtido no dia 56 de amostragem sem sinais de doença, o que está de acordo com Cuesta *et al.* (2011) que observaram valores médios de 13,19 pmol/L inferiores ao Kmite mais baixo para a espécie com 87,5 % dos animais abaixo da faixa inferior sem doença fisiológica observada.

Spears (2000) referiu que a deficiência de zinco em cordeiros diminui a percentagem de linfócitos e aumenta o número de neutrófilos na circulação sanguínea; segundo este autor, no nosso estudo a diminuição de Zn no dia 56 levou a uma redução do número de linfócitos, mas não a um aumento do número de neutrófilos, o que coincide com o publicado por (Hambridge *et al.*, 1986). Cerone *et al.* (2000) referiram que a deficiência de zinco e cobre em bovinos provoca atrofia do baço e do timo, linfopenia, monocitose e diminuição da capacidade fagocítica dos neutrófilos, afecta as células T e B e, por conseguinte, a produção de anticorpos.

Manganês. A maior ($P<0,05$) concentração de Mn entre os tratamentos foi no início e no final do teste (Tabela 5), no entanto, no dia 28 as menores concentrações ($P<0,05$) foram observadas com 4,97±2,15, 4,29±2,11 e 7,28±2,22 pmol/L para T1, T2 e T3, respetivamente. Exceto para T1 com níveis semelhantes nos dias 28 e 56 ($P>0,05$).

Tabela 5: Médias (± SE) da concentração de manganês (pmol/L) no soro sanguíneo de bezerros alimentados com três dietas diferentes.

Dia de amostragem	T1	Tratamentos[1] T2	T3
1	22.57 ± 2.15^{x}	21.10 ± 2.11^{x}	21.81 ± 2.22^{x}
	4.97 ± 2.15^{y}	4.29 ± 2.11^{z}	7.28 ± 2.22^{z}
56	8.50 ± 2.15^{y}	12.56 ± 2.11^{y}	14.92 ± 2.22^{y}
84	22.30 ± 2.15^{x}	23.71 ± 2.11^{x}	23.37 ± 2.22^{x}

^{x,y,z} As médias com letras diferentes na coluna são diferentes ($P<0,05$) entre os dias de amostragem.

[1] T1 = Feno de aveia (HA) + silagem de milho (EM) + concentrado; T2 = HA + EM + concentrado + bagaço de maçã fermentado (BMZN); T3 = HA + EM + concentrado + inóculo de levedura (IL).

A absorção de Mn é influenciada por muitos factores, como a forma química e as interacções entre diferentes micronutrientes (Sanchez-Morito *et al.*, 1999). Do mesmo modo, o Mn é outro antagonista potencial do Cu que afecta a sua absorção a nível intestinal (Grace, 1973), mas poucos estudos examinaram o efeito antagonista do Mn sobre o Cu em dietas para ruminantes. Arredondo *et al.* (2003) sugeriram que o Mn e o Cu podem partilhar a mesma via de absorção e transporte intestinal, através da proteína transportadora de metais divalentes 1, o que os faz competir entre si. No seu estudo, Ivan e Grieve (1976)

verificaram que a adição de 50 mg de Mn/kg de MS a uma dieta que continha 12 mg de Mn/kg de MS resultou numa diminuição da absorção de Cu no trato gastrointestinal de vitelos Holstein; no entanto, a dinâmica do antagonismo em ruminantes não é muito clara.
No presente estudo, o decréscimo de Mn e Cu no dia 28 de amostragem pode ter sido devido à elevada concentração de Zn que ocorreu no mesmo dia, com o Cu no dia 56 a conduzir à menor quantidade de Mn e Zn.
Embora existam outros minerais que podem causar a sua diminuição, como a deficiência de Mg, podem modificar indiretamente a absorção de Mn, alterando a disponibilidade de outros catiões divalentes como o Ca, o Zn (Planells *et al.*, 1993) e o Cu (Jimenez *et al.*, 1997). Sanchez-Morito *et al.* (1999) assumiram que a diminuição da concentração de Mn estava relacionada com um aumento da atividade metabólica na medula óssea, como um mecanismo para aumentar a eritropoiese e tentar compensar a hemólise induzida pela deficiência de Mg (Piomelli *et al.*, *1973*). Por outro lado, Jenkins e Hiridoglou (1991) publicaram que o excesso de Mn afecta negativamente o metabolismo do Fe em bovinos, resultando numa diminuição do volume do pacote celular e da hemoglobina, reduzindo a capacidade de ligação do Fe no soro.
Cobre. A concentração de Cu dos três tratamentos excedeu o nível máximo dentro da espécie durante o ensaio (Tabela 6), exceto no dia 28, neste mesmo dia os três tratamentos foram inferiores (P<0,05) ao resto dos dias de amostragem (8,04±2,34, 8,32±2,34 e 9,76±2,47 pmol/L para T1, T2 e T3, respetivamente). No entanto, os três tratamentos no dia 56 revelaram a concentração mais elevada (P<0,05) do que o resto dos dias de amostragem, exceto no dia 56 e 84 de T3, que foram semelhantes (P>0,05). A gama de valores de referência para o Cu no soro de bovinos é de 11,0 a 18,0 pmol/L (McDowell e Arthington, 2005).
Castillo *et al.* (2012) mencionaram que o Cu é um oligoelemento essencial para os processos de resposta imune, desempenha um papel como cofator para muitas enzimas (citocromo oxidase, ceruloplasmina e superóxido dismutase), portanto, pode desempenhar várias funções no sistema imunológico das quais o mecanismo direto de ação não é muito claro (Solaiman *et al.*, 2007). Observou-se que os animais com deficiência de Cu podem ter cupremia dentro do intervalo, uma vez que nos tecidos onde se acumula continua a enviar as suas reservas para a circulação (Quiroz-Rocha e Bouda, 2001). Do mesmo modo, os animais com intoxicação crónica por Cu podem ter uma acumulação excessiva principalmente no fígado e os níveis séricos podem estar dentro dos intervalos de referência (Wikse *et al.*, 1992).
Neste estudo, no dia 28 de amostragem, os três tratamentos apresentaram níveis abaixo dos limites fisiológicos das espécies, talvez devido ao aumento de Zn que compete com a absorção de Cu e afecta a sua concentração, ou possivelmente porque o Cu foi incorporado na SOD nos glóbulos vermelhos durante o dia de amostragem.

Tabela 6. Médias (± SE) da concentração de cobre (pmol/L) no soro sanguíneo de bezerros alimentados com três dietas diferentes.

| Dia de amostragem | T1 | Tratamentos[1] | T3 |
		T2	
1	22.17 ± 2.34^y	24.48 ± 2.34^y	23.83 ± 2.47^y
	8.04 ± 2.34^z	8.32 ± 2.34^z	9.76 ± 2.47^z
56	33.36 ± 2.34^x	38.06 ± 2.34^x	31.29 ± 2.47^x
84	23.16 ± 2.34^y	20.96 ± 2.34^y	29.29 ± 2.47^x

^{x,y,z} As médias com letras diferentes na coluna são diferentes (P<0,05) entre os dias de amostragem.
[1] T1 = Feno de aveia (HA) + silagem de milho (EM) + concentrado; T2 = HA + EM + concentrado + bagaço de maçã fermentado (BMZN); T3 = HA + EM + concentrado + inóculo

de levedura (IL).

hematopoiese e o tempo de vida dos eritrócitos, que é de cerca de 150 dias (Suttle e McMurray, 1983). Noutro estudo, Cuesta *et al.* (2011) diagnosticaram valores médios de Cu de 11,5 pmol/L e 40% dos seus bovinos apresentaram valores abaixo do Kmite crítico de 11,0 pmol/L sem apresentar sinais de clocose. A maioria dos ruminantes, exceto os ovinos, tem uma elevada capacidade de armazenar Cu no fígado (Mertz e Davis, 1987), isto deve-se à sua capacidade de sintetizar metalotioneínas que ajudam a reter Cu e outros minerais no hepatócito (Gooneratne *et al.*, 1989). Durante a hipocuprose, a atividade de enzimas dependentes do Cu, como a citocromo oxidase, necessária para a atividade fagocitária, e a superóxido dismutase (SOD), diminui, o que reduz a meia-vida dos leucócitos, uma vez que estas células são dependentes desta enzima, causando uma predisposição para doenças infecciosas e virais e afectando negativamente o sistema imunitário do animal e, por conseguinte, a sua capacidade de responder a infecções (Spears, 2003).

Atividade Antioxidante

A maior concentração de AA (P<0,05) foi observada no início do experimento nos três tratamentos, mostrando um aumento significativo (P<0,05) em T2 (15,99±0,03 pmol/L) quando comparado a T1 e T3, porém T1 no d^a 84 foi menor (P<0,05) que T2 e T3 (15,62±0,03 pmol/L). Além disso, nos d^a 28 e 56, T2 e T3 foram semelhantes entre si, mas inferiores (P<0,05) aos d^a 1 e 84 do teste (Tabela 7). Tanaka *et al.* (2008) mencionaram que o stress térmico estimula a produção de radicais livres e de espécies reactivas de oxigénio (ROS). Por outro lado, o stress oxidativo corresponde a um desequilíbrio entre a taxa de produção e degradação de oxidantes (Sorg, 2004), (Tabela 7). Tanaka *et al.* (2008) mencionaram que o stress térmico estimula a produção de radicais livres e de espécies reactivas de oxigénio (ROS). Por outro lado, o stress oxidativo corresponde a um desequilíbrio entre a taxa de produção e degradação de oxidantes (Sorg, 2004).

Os resultados do presente estudo mostraram que, quando os bezerros foram expostos à fno nos primeiros dias do experimento, os níveis de minerais e BMZN em T2 exerceram um efeito sobre as enzimas antioxidantes, diminuindo a liberação de ROS nos bezerros, o que pode protegê-los do estresse oxidativo, mostrando o mesmo padrão no dia 84 para T2 e T3. Isso está de acordo com Prior e Cao (1999), que publicaram que um aumento na produção de ROS pode causar uma diminuição na capacidade antioxidante total *in vivo*. Rodriguez (2008) referiu que os ovinos engordados com uma dieta de manzarina apresentaram um aumento de AA em relação ao grupo de controlo (24,34 e 21,79 pmol/L). Noutro estudo, Gallegos (2007) publicou que as vacas Holstein em produção alimentadas com manzarina apresentavam um maior teor de AA (22,52 pmol/L) em relação ao grupo de controlo (18,65 pmol/L) no final do teste. Hahn e Mander (1997) referiram que os bovinos necessitam de cerca de 3 a 4 dias após o início de uma mudança calórica para diminuir completamente os efeitos da carga calórica, seguindo-se uma recuperação do poder antioxidante total no seu corpo (Worapol *et al.*, 2011).

Biometria hemática

As tabelas 8 e 9 mostram os níveis hematológicos e os parâmetros de referência. Os leucócitos (Leu), os linfócitos (Lin), o volume corpuscular médio (VCM), a hemoglobina corpuscular média (HCM) e as plaquetas (Pq) revelaram um aumento significativo das contagens sanguíneas.

Tabela 7. Médias (± SE) da atividade antioxidante (pmol/L $FeSO_4$)2 no plasma sanguíneo de vitelos alimentados com três dietas diferentes.

Dia de amostragem	T1	Tratamentos[1] T2	T3

	1	$15.73\pm0.03^{b\,x}$	$15.99\pm0.03^{a\,x}$	$15.81\pm0.03^{b\,x}$
		$15.62\pm0.03^{a\,y}$	$15.64\pm0.03^{a\,z}$	$15.62\pm0.03^{a\,z}$
	56	$15.58\pm0.03^{a\,y}$	$15.61\pm0.03^{a\,z}$	$15.62\pm0.03^{a\,z}$
	84	$15.62\pm0.03^{b\,y}$	$15.72\pm0.03^{a\,y}$	$15.71\pm0.03^{a\,y}$

[ab] Médias com literais diferentes nas linhas são diferentes (P<0,05) entre tratamentos. [x,y,z] Médias com literais de coluna diferentes são diferentes (P<0,05) entre d^a de amostragem.

[1] T1 = Feno de aveia (HA) + silagem de milho (EM) + concentrado; T2 = HA + EM + concentrado + bagaço de maçã fermentado (BMZN); T3 = HA + EM + concentrado + inóculo de levedura (IL).

[2] pmol/L FeSO4 (atividade redutora micromolar do FeSO4), por litro de plasma sanguíneo.

Tabela 8. Médias (± SE)[2] da biometria dos glóbulos brancos de bezerros alimentados com três dietas diferentes.

bezerros alimentados com três dietas diferentes

Células	Dia de amostragem	Tratamento			Valores de BH3
		T1	T2	T3	
[3]Leucócitos (10 /pL)	56	7.58 ± 0.95	8.18 ± 0.95^{y}	9.65 ± 1.00^{y}	4-12
	84	$9.82\pm0.95\,_x$	11.11 ± 0.95^{x}	10.80 ± 1.00^{y}	
Neutrófilos (%)	56	3.22 ± 0.76	6.67 ± 0.76^{a}	5.87 ± 0.80^{a}	15-45
	84	$4.44\pm0.76\,_a$	4.22 ± 0.76^{a}	5.00 ± 0.80^{a}	
Linfócitos (%)	56	65.00 ± 4.6	73.00 ± 4.69	74.00 ± 4.97	45-75
	84	74.44 ± 4.6	76.89 ± 4.69	71.50 ± 4.97	
Células mistas (%)	56	31.78 ± 4.5	20.33 ± 4.51	20.12 ± 4.78	2-20
	84	$21.11\pm4.5\,^{u}$	18.89 ± 4.51	23.50 ± 4.78	
[3]Neutrófilos (10 /pL)	56	0.24 ± 0.08	0.53 ± 0.08^{a}	0.61 ± 0.09^{a}	0.6-4
	84	$0.43\pm0.08\,_a$	0.48 ± 0.08^{a}	0.56 ± 0.09^{a}	
[3]Linfócitos (10 /pL)	56	4.84 ± 0.92	5.99 ± 0.92^{y}	7.12 ± 0.98^{y}	2.5-7.5
	84	$7.30\pm0.92\,_x$	8.73 ± 0.92^{x}	7.75 ± 0.98^{y}	
[3]Células mistas (10 /pL)	56	2.49 ± 0.40	1.65 ± 0.40	1.91 ± 0.42	0-2.4
	84	2.09 ± 0.40	1.90 ± 0.40	2.49 ± 0.42	

[ab] As médias com literais de linha diferentes são diferentes (P<0,05) entre tratamentos. [xy] As médias com literais de coluna diferentes são diferentes (P<0,05) entre amostragens d^a.

[1] T1 = Feno de aveia (HA) + silagem de milho (EM) + concentrado; T2 = HA + EM + concentrado + bagaço de maçã fermentado (BMZN); T3 = HA + EM + concentrado + inóculo de levedura (IL).

[2] As médias sem literais de linha e coluna não apresentaram diferenças (P>0,05).

[3] Valores da biometria hemática dos bovinos.

Tabela 9. Médias (± SE)[2] da biometria hemática dos glóbulos vermelhos dos vitelos alimentados com três dietas diferentes.

Células	Dia de amostragem	Tratamento			Valor de BH[3]
		T1	T2	T3	
Eritrócitos (106/pL)	56	5.14 ± 0.41	5.40 ± 0.41	5.32 ± 0.44	5-10

	Dia	T1	T2	T3	Ref.
	84	5.51±0.41	6.54±0.41	5.92±0.44	
	56	11.45±0.50	11.33±0.50	11.72±0.53	
Hemoglobina (g/dL)	84	11.20±0.50	12.62±0.50	11.60±0.53	8-15
	56	38.42±2.41	34.02±2.41	33.77±2.56	
Hematócrito (%)	84	33.60±2.41	37.87±2.41	34.80±2.56	24-46
	56	73.78±3.26^x	63.51±3.25^x	64.09±3.45^x	
VCM (fL)	84	61.87±3.26^y	59.69±3.25^x	59.31±3.45^x	40-60
	56	22.50±0.86^x	21.15±0.86^x	22.36±0.91^x	
HCM (Pg)	84	20.17±0.86^y	19.89±0.86^x	19.77±0.91^y	11-17
	56	31.47±1.07	33.29±1.07	35.35±1.14	
CHCM (g/dL)	84	33.30±1.07	33.30±1.07	33.30±1.14	30-36
	56	5.69±0.37^x	5.67±0.37^x	4.35±0.40^x	
Plaquetas (105/pL)	84	2.41±0.37^y	2.70±0.37^y	2.06±0.40^y	

xy Médias com letras diferentes na coluna são diferentes (P<0,05) entre os dias de amostragem.

[1] T1 = Feno de aveia (HA) + silagem de milho (EM) + concentrado; T2 = HA + EM + concentrado + bagaço de maçã fermentado (BMZN); T3 = HA + EM + concentrado + inóculo de levedura (IL).

[2] As médias sem literais de linha e coluna não apresentaram diferenças (P>0,05).

3Valores de biometria hemática de bovinos.

efeito (P<0,05) do dia de amostragem; neutrófilos (Neu) em % e pL mostraram diferença (P<0,05) entre os tratamentos.

Leucócitos e linfócitos. [33]As concentrações de Leu e Lin no 84º dia de amostragem mostraram um aumento significativo (P<0,05) em T1 e T2, com 9,82±0,95 e 11,11±0,95 x 10 /pL para Leu e 7,30±0,92 e 8,73±0,92 x 10 /pL para Lin, respetivamente. Vale a pena mencionar que T2 e T3 excederam o nível máximo dentro da espécie em Lin (Tabela 8). Os bezerros que receberam IL na dieta mantiveram a quantidade de Leu e Lin próxima ao nível máximo para essas variáveis, não apresentando variação significativa ao longo do tempo.

No dia 56 de amostragem, observou-se a menor quantidade de Leu e Lin, talvez devido à presença de stress, provocado pelas baixas temperaturas médias registadas durante os dias 1, 28 e 56 (-7,3, -3,0 e 0,9 °C) da experiência, seguido da diminuição da concentração de Zn, Mn e AA, que se repercutiu na diminuição destas células, expondo os vitelos a uma libertação de ROS. No entanto, no dia 84 aumentaram a quantidade de glóbulos brancos, minerais e AA, o que pode estar relacionado com a recuperação do seu conforto, superando o desafio do stress térmico sem apresentar sinais clínicos adversos.

Gupta *et al.* (2007) mencionaram que existe uma relação estreita entre o perfil leucocitário e o nível plasmático de glucocorticóides durante o stress fisiológico; estas hormonas podem atuar aumentando o número e a percentagem de neutrófilos, enquanto diminuem os linfócitos (Blanco *et al.*, 2009). Buckham *et al.* (2008) referiram que os linfócitos circulantes aderem às células endoteliais que revestem as paredes dos vasos sanguíneos em resposta ao aumento dos glucocorticóides durante o stress e, subsequentemente, deslocam-se da circulação para tecidos como os gânglios linfáticos, a medula óssea, o baço e a pele, onde ficam retidos, produzindo assim uma diminuição do número de linfócitos circulantes.

Noutra investigação, Rodriguez (2008) relatou que ovelhas engordadas com manzarina na sua dieta apresentaram um aumento de leucócitos (9,49 e 8,78 103/pL) no final do teste. Gallegos (2007) relatou que vacas Holstein em produção alimentadas com e sem manzarina não tiveram efeito (P>0,05) sobre a quantidade de leucócitos no sangue.

Neutrófilos. Todos os três tratamentos durante o ensaio estiveram abaixo do limite inferior de Neu em percentagem e concentração, exceto T3 no d^a 56. [3]Apesar deste comportamento, o T1 apresentou a menor (P<0,05) quantidade de Neu no d^a 56

(3,22±0,76 % e 0,24±0,08 x 10 /pL), relativamente aos restantes tratamentos (Tabela 8).

A baixa quantidade de Neu pode ter sido devida à baixa concentração de Zn e Mn no dia 56, sem atingir a quantidade óptima no final do ensaio, apesar do aumento dos minerais mencionados. Por outro lado, mesmo estando abaixo do Kmite inferior, T1 no dia 56 foi o mais prejudicial em relação a T2 e T3. Além disso, observou-se que os animais T2 e T3 apresentaram um nível mais elevado de Neu do que T1 durante o teste. Rodriguez (2008) relatou um efeito de sexo em ovelhas alimentadas com manzarina, em que as fêmeas que receberam manzarina apresentaram contagens de neutrófilos mais elevadas do que os machos (59,2 e 50,2 %, respetivamente) no grupo de controlo. Por outro lado, Gallegos (2007) não encontrou diferenças na produção de vacas Holstein alimentadas com e sem manzarina (34,27 e 35,98 %).

Romero *et al.* (2011) referem que os neutrófilos proliferam na circulação como resposta a infecções, inflamação e stress; diminuindo em certas infecções e estados de anafilaxia. Por outro lado, os glucocorticóides em animais stressados estimulam o fluxo de neutrófilos da medula óssea para o sangue e reduzem a sua passagem para outros compartimentos, levando a um aumento de neutrófilos maduros e imaturos na circulação sanguínea (Buckham *et al.*, 2008).

Volume corpuscular médio. Os valores do VCM dos três tratamentos no dia 56 excederam o nível máximo dentro da espécie, do mesmo modo que o VCM do T1 no dia 84, embora fosse mais baixo (61,87±3,26 fentolitros (fL)) no dia 56, excedeu o nível máximo (Tabela 9).

O elevado MCV observado nos dias 56 e 84 do ensaio em T1 pode ter sido prejudicial para as baixas quantidades de Zn, Mn e AA, que podem ter aumentado uma reação inflamatória e a anemia macrocítica. O aumento do VCM é um indicador de anemia macrocítica, enquanto os eosinófilos diminuem em resposta ao aumento da reação inflamatória (Rodostitis *et al.*, 2000). Neste estudo, pode ter havido uma diminuição na concentração de Fe devido ao efeito dos níveis elevados de Mn e Cu apresentados nesta investigação, o que é consistente com as conclusões de Reeves *et al.* (2004). Da mesma forma, Jenkins e Hiridoglou (1991) mencionaram que concentrações elevadas de Mn afectam o metabolismo do Fe em bovinos, resultando numa diminuição do volume do pacote celular e da hemoglobina, o que reduz a capacidade de ligação do Fe no soro. Por outro lado, Rodriguez (2008) encontrou um comportamento semelhante quando a manzarina foi adicionada à dieta de ovinos, em que os animais suplementados diminuíram a quantidade de VCM em comparação com o grupo de controlo (32,99 e 33,57 fL), mas sem se desviarem dos valores normais da espécie. Noutro estudo, Coppo e Mussart (2006) não encontraram qualquer efeito significativo na suplementação de novilhas com bagaço de citrinos no inverno, durante 90 dias, em comparação com o grupo de controlo (46,5 e 47,0 fL).

Hemoglobina corpuscular média. Os níveis de MCH dos três tratamentos nos dois dias de amostragem excederam o nível máximo de referência (Tabela 9), no dia 84 T1 e T3 diminuíram (P<0,05) em relação ao dia 56 (20,17±0,86 e 19,77±0,91 picogramas (Pg), respetivamente), mas excederam o relatado por Aiello e Mays, 2000. Há relatos de que a CHM indica a concentração de hemoglobina com base na contagem de glóbulos vermelhos, semelhante à indicada pela concentração de hemoglobina corpuscular média (CHCM), embora esta última seja considerada mais apropriada. Rodriguez (2008) encontrou diferenças significativas entre o sexo dos ovinos e a amostragem, onde os machos foram superiores às fêmeas (12,74 e 12,10 Pg), além de excederem a faixa mais alta dentro da espécie. Num outro estudo, Coppo e Mussart (2006) verificaram um efeito significativo da suplementação de novilhas com bagaço de citrinos no inverno durante 90 dias em relação ao grupo de controlo (16,6 e 14,5 fL, respetivamente).

Plaquetas. A quantidade de Pq dos três tratamentos (Tabela 9) foi maior (P<0,05) no d^a 56 em relação ao d^a 84 (5,69±0,37, 5,67±0,37 e 4,35±0,40 x 10%iL para T1, T2 e T3,

31

respetivamente). Os Pqs apresentaram efeito de amostragem, as maiores quantidades foram observadas no dia 56, o que pode ser devido ao aumento de anticorpos observado durante o teste, como indicado por outros estudos. Aiello e Mays (2000) referiram que a diminuição da produção de plaquetas pode ser devida a fármacos, toxinas e, em alguns casos, à atividade imunológica, devido à produção de anticorpos que se podem ligar à superfície das plaquetas. Os três tratamentos apresentaram o Pq mais baixo no dia 84, talvez devido ao aumento do número de glóbulos brancos observado. Rodriguez (2008) relatou um efeito entre o sexo das ovelhas e a amostragem, onde os machos na segunda amostragem foram mais altos do que as fêmeas, mostrando valores de 7,6 e 5,4 x 103/pL. [3]Por outro lado, Gallegos (2007) não encontrou diferença (P>0,05) na quantidade de plaquetas ao suplementar vacas Holstein em produção com e sem manzarina (4,5 e 3,8 x 10 /pL).

CONCLUSÕES E RECOMENDAÇÕES

Nas condições em que este trabalho foi efectuado, conclui-se que a adição de um inóculo de levedura na dieta de vitelos em crescimento aumentou o CDA e a CA.

Em baixas temperaturas ambientes, a maior concentração de Zn no soro foi observada, com Mn e Cu diminuindo no dia 28. Da mesma forma, os bezerros que receberam BMZN e IL apresentaram maior AA no final do teste. Sugerimos que este comportamento se deve ao facto de favorecerem as enzimas antioxidantes e, portanto, diminuírem a libertação de ROS.

Os leucócitos, linfócitos, MCV, MCH e plaquetas apresentaram diferenças entre os dias de amostragem. Além disso, T1 apresentou Neu mais baixo em % e pL no dia 56. Estas alterações indicam que ocorreu stress térmico nos animais, o que diminuiu o número de glóbulos brancos e aumentou o número de glóbulos vermelhos.

Recomenda-se uma investigação mais aprofundada com a suplementação de BMZN e IL, expondo os vitelos desmamados precocemente a temperaturas menos stressantes.

LITERATURA CITADA

Aiello, S. E. e A. Mays. 2000. The Merck Veterinary Manual. 5ª ed. Oceano Grupo Editorial, S. A. Espanha.

Aksu, T., B. Ozsoy, D. S. Aksu, M. A. Yoruk e M. Gul. 2011. Os efeitos de níveis mais baixos de zinco, cobre e manganês organicamente complexados em dietas de frangos de corte sobre o desempenho, a concentração mineral da tíbia e a excreção mineral. Kafkas Univ Vet Fak Derg. 17: 141-146.

Arias, R. A. 2006. Fatores ambientais que afetam a ingestão diária de água em bovinos terminados em confinamento. Tese de Mestrado, Universidade de Nebraska-Lincoln, Nebraska, EUA.

Arias, R. A., T. L. Mader e P. C. Escobar. 2008. Fatores climáticos que afetam o desempenho produtivo de bovinos de corte e leite. Arch. Med. Vet. 40:7-22.

Arredondo, M., P. Munoz, C. V. Mura e M. Nunez. 2003. $^{1+}$DMT1, um transportador de Cu apical fisiologicamente relevante de células intestinais. Am. J. Physiol. Cell Physiol. 284:C1525-C1530.

Becerra, A., C. Rodriguez, J. Jimenez, O. Ruiz, A. EKas e A. Rammez. 2008. Ureia e milho na fermentação aeróbica do bagaço de maçã para a produção de proteínas. TECNOCIENCIA Chihuahua. 2:7-14.

Benzie, I. F. F. e J. J. Strain. 1996. Capacidade de redução férrica do plasma (FRAP) como medida do poder antioxidante: o ensaio frap. Anal. Biochem. 239:7076.

Bm^k, H. e I. I. Turkmen. 2001. O efeito de *Saccharomyces cerevisiae* nas digestibilidades ruminais *in vitro* da matéria seca, matéria orgânica e fibra detergente neutra de diferentes forragens: rácios de concentrado em dietas. J. Fac. Vet. Med. 20:29-37.

Blanco, M., I. Casasus e J. Palacio. 2009. Efeito da idade ao desmame na resposta fisiológica ao stress e no temperamento de duas raças de bovinos de carne. Animal. 3:108-117.

Buckham Sporer, K. R., P. S. D. Weber, J. L. Burton, B. Earley e A. Crowe. 2008. Transportation of young beef bulls alters circulating physiological parameters that may be effective biomarkers of stress. J. Anim. Sci. 86:1325-1334.

Castillo, C., J. Hernandez, M. Garda Vaquero, M. Lopez Alonso, V. Pereira, M. Miranda, I. Blanco e J. L. Benedito. 2012. Efeito da suplementação moderada de Cu nos metabólitos séricos, enzimas e estado redox em bezerros de confinamento. Vet Res. Commun. 93.269-274.

Cerone, S. I., A. S. Sansinanea, S. A. Streitenberg, M. C. Garrta e N. J. Auza. 2000. Função dos macrófagos derivados de monócitos bovinos na indução da deficiência de cobre. Gen Phy Biophys. 19:49-58.

Chew, P. B. 1995. Antioxidant vitamins affect food animal immunity and health. J. Nutr. 125: 1804S-1808S.

Coppo, J. A. e N. B. Mussart. 2006. Bagaço de citros como suplemento de inverno para novilhas mestiças zebuínas na Argentina. Vol. VII, No. 04, abril.

Cuesta, M. M., D. J. R. Garaa, P. E. A. Silveira e G. Y. Pino. 2011. Administração parenteral de um composto de zinco, cobre e manganês em vacas leiteiras. Revista Eletrônica de Medicina Veterinária. 12:28-36.

Czarnecki-Maulden, G. L. 2008. Effect of dietary modulation of the intestinal microbiota on reproduction and early growth (Efeito da modulação dietética da microbiota intestinal na reprodução e no crescimento inicial). Theriogenology 70:286-290.

Delfino, J. G. e G. W. Mathison. 1991. Effects of cold environment and intake level on the energetic efficiency of feedlot steers. J. Anim. Sci. 69:45774587.

Desnoyers, M., S. Giger-Reverdin, G. Bertin, C. Duvaux-Ponter e D. Sauvant. 2009. Meta-análise da influência da suplementação com *Saccharomyces cerevisiae* nos parâmetros ruminais e na produção de leite de ruminantes. J. Dairy Sci. 92:1620-1632.

D^az, P. D. 2006. Produção de proteína microbiana a partir de resíduos de maçãs adicionados de ureia e pasta de soja. Dissertação de mestrado. Faculdade de Zootecnia. Universidade Autónoma de Chihuahua. Chihuahua. Chih. México.

Dorton, K. L., T. E. Engle, R. M. Enns e J. J. Wagner. 2007. Effects of trace mineral supplementation, source and growth implants on immune response of growing and finishing feedlot steers. The Professional Animal Scientist. 23:29-35.

Droker, A. E. e J. W. Spears. 1993. *In vitro* and *in vivo* immunological measurements in growing lambs fed diets deficient, marginal or adequate in zinc. J. Nutr. Immunol. 2:71-90.

Gallegos, A. M. A. 2007. Contagem de células somáticas no leite, atividade antioxidante do plasma e componentes celulares do sangue de vacas holandesas em produção alimentadas com manzarina na dieta. Tese de doutoramento. Faculdade de Ciências Animais e Ecologia. Universidade de Coimbra
Autónoma de Chihuahua. Chihuahua, Chih. México.

Gooneratne, S. R., W. T. Buckley e D. A. Christensen. 1989. Revisão da deficiência de cobre e do metabolismo em ruminantes. Can J Anim Sci. 69:819-845.

Grace, N. D. 1973. Effect of high dietary Mn levels on the growth rate and the level of mineral elements in the plasma and soft tissues of sheep. New Zeal J. Agric. Res. 16:177-180.

Gupta, S., B. Earley e M. A. Crowe. 2007. Effect of 12-hour road transportation on physiological, immunological and hematological parameters in bull housed at different space allowances (Efeito do transporte rodoviário de 12 horas sobre parâmetros fisiológicos, imunológicos e hematológicos em touros alojados em diferentes espaços). Vet. J. 173:605-616.

Hambridge, K. M., C. E. Casey e N. F. Krebs. 1986. Zinc. In trace elements in human and animal nutrition. 5[th]ed. Walter Mertz. Academic Press. Inc., Londres. Reino Unido.

Huerta, J. M., M. E. C. Ortega e M. P. Cobos. 2005. Stress oxidativo e o uso de antioxidantes em animais domésticos. Journal of Science and Technology of America. 30:728-734.

INAFED. 2010. Instituto Nacional de Federalismo e Desenvolvimento Municipal. http://www.inafed.gob.mx/work/templates/enciclo/chihuahua/. Acessado em 10 de setembro de 2012.

Ivan, M. e C. M. Grieve. 1976. Effects of zinc, copper and manganese supplementation of high-concentrate ratio non gastrointestinal absorption of copper and manganese in Holstein cows. J. Dairy Sci. 59:1764-1768.

Jenkins, K. J. e M. Hidiroglou. 1991. Tolerância do bezerro pré-ruminante ao excesso de manganês ou zinco no substituto do leite. J. Dairy Sci. 74:1047-1053.

Jimenez, A., E. Planells, P. Aranda, M. Sanchez-Vinas e J. Llopis. 1997. Alterações na biodisponibilidade e distribuição tecidular do cobre causadas pela deficiência de magnésio em ratos. J. Agric. Food Chem. 45:4023-4027.

Makino, T. e K. Takahara. 1981. Determinação direta de cobre e zinco no plasma de bebés por absorção atómica com nebulização discreta. Clin. Chem. 27:1445-1447.

McDowell, L. R. e J. D. Arthington. 2005. Minerals for Grazing Ruminants in Tropical Regions. 4ª ed. Dep. Zoot. Universidade da Flórida. Gainesville. IFAS. U. S. A.

Mertz, W. e G. K. Davis. 1987. Cobre. In: Mertz W, editor. Trace Elements in Human and Animal Nutrition. Vol I. 5ª ed. Filadélfia: Academic Press. U.S.A.

Moberg, G. P. 1987. Um modelo para avaliar o impacto do stress comportamental nos animais domésticos. J. Anim. Sci. 65:1228-1235.

Mujibi, F. D. N., S. S. Moore, D. J. Nkrumah, Z. Wang e J. A. Basarab. 2010. Season of testing and its effect on feed intake and efficiency on growing beef cattle. J. Anim. Sci. 88: 3789-3799.

Murray, R. K., D. K. Granner, P. A. Mayes, e V. W. Rodwell. 2000. W. Rodwell. 2000. Harper's Biochemistry. 25th ed. p 135, 223. McGraw Hill Health Professional Division, Nova Iorque. U.S.A.

Newbold, C. J., R. J. Wallace e F. M. McIntosh. 1996. Modo de ação da levedura *Saccharomyces cerevisiae* como aditivo alimentar para ruminantes. British J. Nutr. 76:249-251.

NRC. 1996. Nutrient Requirements of Beef Cattle. 7ª ed. National Academy Press, Washington, DC. U.S.A.

Piomelli, S., V. Jansen e F. Dancis. 1973. A anemia hemolítica da deficiência de magnésio em ratos adultos. Blood. 41:451-459.

Planells, E., P. Aranda, A. Lerma e J. Llopis. 1994. Alterações na biodisponibilidade e distribuição tecidular do zinco causadas pela deficiência de magnésio em ratos. Brit. J. Nutr. 72:315-323.

Prior, R. L. e G. Cao. 1999. Capacidade antioxidante total *in vivo*: comparação de diferentes métodos analíticos. Free Radic Biol Med. 27:1173-1181.

Quiroz-Rocha, G. F. e J. Bouda. 2001. Fisiopatologia das deficiências de cobre em ruminantes e seu diagnóstico. Vet. Mex. 32:289-296.

Reeves, P. G., N. V. C. Ralston, J. P. Idso e H. Lukaski. 2004. Efeitos contrastantes e cooperativos das deficiências de cobre e ferro em ratos machos alimentados com diferentes concentrações de manganês e diferentes fontes de aminoácidos sulfurados numa dieta à base de AIN-93G. J. Nutr. 134:416-425.

Rodostitis, O. M., C. C. Gay, D. C. Blood, K. Gay, D. C. Blood e K. W. Hinchliff. 2000. ᵗʰVeterinary Medicine, 9 ed. Harcourt Publisher, Londres. Reino Unido.

Rodriguez, R. H. E. 2008. Obtenção de Manzarina a partir de Subprodutos da Maçã e seu Efeito na Saúde de Cordeiros de Engorda. Dissertação de Doutoramento. Faculdade de Ciência Animal e Ecologia. Universidade Autónoma de Chihuahua. Chihuahua. Chih. México.

Rodriguez-Muela, C., D. D^az, F. Salvador, O. Ruiz, C. Arzola, A. Flores, O. La O e A. EKas. 2010. Efeito dos níveis de ureia e pasta de soja na concentração de proteínas durante a fermentação em estado sólido da maçã (*Malus domestica*). Rev. Cubana de Cien. Agric, 44:23-26.

Romero, P. M. H., L. F. Uribe-Velasquez e V. J. A. Sanchez. 2011. Biomarcadores de stress como indicadores de bem-estar animal em bovinos de corte. Biosalud. 10:71-87.

Sanchez-Morito, N., E. Planells, P. Aranda e J. Llopis. 1999. Interações magnésio-manganês causadas pela deficiência de magnésio em ratos. J. Am. Coll. Nutr. 18:475-480.

SAS. 2004. ®Guia do utilizador do SAS/STAT 9.1. SAS Institute Inc. Estados Unidos da América.

Solaiman, S. G., T. J. Craig Jr., G. Reddy e C. E. Shoemaker. 2007. E. Shoemaker. 2007. Effect of high levels of Cu supplement on growth performance, rumen fermentation, and immune responses in goats kids. Small Rumin. Res. 69:115-123.

Sorg, O. 2004. Stress oxidativo: um modelo teórico ou uma realidade biológica? C. R. Biol. 327:649-662.

Spears, J. W. 2000. Micronutrinet e função imunitária em bovinos. Actas da Sociedade de Nutrição. 59:587-594.

Spears, J. W. 2003. Biodisponibilidade de minerais vestigiais em ruminantes. J. Nutr. 133:15061509.

Steel, R. G. D. e J. H. Torrie. 1997. Biostatistics. Principles and Procedures. 2ª ed. McGraw-Hill. México.

Suttle, N. F. e C. H. McMurray. 1983. Utilização da atividade da superóxido dismutase de cobre-zinco dos eritrócitos e das concentrações capilares ou livres no diagnóstico da hipocuprose em ruminantes. Res. Vet. Sci. 35:47-52.

Tanaka, M., Y. Kamiya, T. Suzuki, M. Kamiya e Y. Nakai. 2008. Nakai. 2008. Relação entre a produção de leite e as concentrações plasmáticas de marcadores de stress oxidativo durante a estação quente em vacas primíparas. J. Anim. Sci. 79:481-486.

van der Peet-Schwering, C. M. C., A. J. M. Jansman, H. Smidt e I. Yoon. 2007. Effects of yeast culture on performance, gut integrity, and blood cell composition of weanling pigs. J. Anim. Sci. 85:3099-3109.

Villagran, D., Rodriguez-Muela, C., Burrola, E., Gonzalez, E., Ortega, A. 2009. Identificação de leveduras envolvidas na fermentação em estado sólido do bagaço de maçã. Página 2 in Actas do XLV Encontro.

Instituto Nacional de Investigação Pecuária. Saltillo, Coah, México.

Wikse, S. E., D. Herd, R. Field e P. Holland. 1992. Diagnóstico da deficiência de cobre em bovinos. J. Anim. Vet. Med. Assoc. 200:1625-1629.

Worapol, A., K. Watee e B. Thongchai. Thongchai. 2011. Efeitos da sombra nas alterações fisiológicas, stress oxidativo e poder antioxidante total em bovinos Brahman tailandeses. Int. J. Biometeorol. 55:741-748.

Young, B. A. 1983. Ruminant cold stress: Effect on production. Can. J. Anim. Sci. 57:1601-1607.

Young, B. A., B. Walker, A. E. Dixon e V. A. Walker. 1989. Physiological Adaptation to the Environment. J. Anim. Sci. 67:2426-2432.

**FERMENTAÇÃO *IN VITRO DE* DIETAS COM UM INÓCULO DE
LEVEDURA E BAGAÇO DE MAÇÃ FERMENTADO PARA
VITELOS EM CRESCIMENTO**
RESUMO

FERMENTAÇÃO *IN VITRO* DE DIETAS COM ADIÇÃO DE UM INÓCULO DE
LEVEDURA E BAGAÇO DE MAÇÃ FERMENTADO PARA VITELOS EM
CRESCIMENTO

O objetivo foi avaliar o efeito na fermentação *in vitro* de dietas com a adição de um inóculo de levedura e bagaço de maçã fermentado para vitelos em crescimento. Os tratamentos consistiram em: T1 (controle): feno de aveia (HA) + silagem de milho (EM) + concentrado; T2: HA + EM + concentrado + bagaço de maçã (BMZN) e T3: HA + EM + concentrado + inóculo de levedura (IL). As variáveis avaliadas foram a digestibilidade da matéria seca (MS), os teores de fibra em detergente neutro (FDN), fibra em detergente ácido (FDA) e lenhina em detergente ácido (LDA), o volume de produção de gás, a concentração de ácido acético, propiónico e butímico, o azoto amoniacal ($N-NH_3$), o ácido lático e o pH. A digestibilidade *in vitro* foi efectuada às 48 h, enquanto que para o resto das variáveis foi efectuada às 3, 6, 12, 24, 48, 72 e 96 h. Utilizou-se um desenho completamente aleatório, as variáveis de digestibilidade da fibra foram analisadas com um modelo estatístico que incluiu o tratamento como efeito fixo, a concentração de ácidos gordos voláteis, $N-NH_3$, ácido lático e pH foram analisados com um modelo que incluiu o tratamento e o tempo como efeitos fixos. Para a produção de gás, o tratamento, o tempo e a sua interação foram considerados como efeitos fixos. Para analisar os parâmetros A, B e C do modelo de regressão não linear ajustado, o tratamento foi utilizado como efeito fixo. A maior digestibilidade (P<0,05) da MS (72,02 e 72,49 %), NDF (70,77 e 70,25 %), FDA (64,07 e 64,56 %) e o menor teor de LDA (4,25 e 4,14) foram mostrados por T2 e T3. O T3 foi superior (P<0,05) no volume de produção de gás com valores de 4,20, 5,93, 6,73 e 7,33 mL/0,2 g MS às 24, 48, 72 e 96 horas, respetivamente. A maior concentração (P<0,05) de AGV foi apresentada por T2 e T3 (com valores para acético, propiônico e butímico de 16,00 e 17,19, 6,54 e 6,13, 2,63 e 2,67 mmol/L, respetivamente). T2 e T3 apresentaram um aumento (P<0,05) no final da fermentação *in vitro* na concentração de N-NH3 (0,21 e 0,22 mM/mL) e uma diminuição (P<0,05) no ácido lático (1,46 e 1,37 mM/mL), enquanto T3 apresentou um aumento (P<0,05) no pH (6,74). Conclui-se que a adição de BMZN e IL na dieta de bezerros em crescimento favorece a digestibilidade da MS, NDF e FDA, diminui o teor de LDA, aumenta a concentração de AGV e $N-NH_3$, causando diminuição do ácido lático.

INTRODUÇÃO

O valor nutritivo dos alimentos para animais é determinado pela biodisponibilidade dos nutrientes e pela dinâmica dos processos de solubilidade no trato gastrointestinal. Van Soest (1994) referiu que a parede celular é o principal constituinte orgânico das forragens, representando 40 a 80 % da matéria seca e consistindo em polissacáridos estruturais como a celulose, a hemicelulose e a lenhina. No entanto, a digestibilidade da fibra é limitada pelo grau de maturidade e lenhificação das forragens (Akin, 1989). Foram utilizadas várias estratégias para melhorar a digestibilidade das forragens, como os avanços agronómicos e os programas de cruzamento de forragens (Beauchemin *et al.*, 2003).

Em anos anteriores, as culturas de leveduras foram utilizadas para melhorar o valor nutritivo e a utilização eficiente de pastagens de baixa qualidade. A adição de culturas de leveduras às dietas dos ruminantes pode aumentar a ingestão de matéria seca, o desempenho produtivo, a degradação da celulose e a digestibilidade dos nutrientes (Lesmeister *et al.*, 2004). A *Saccharomyces cerevisiae* (Sc) tem sido amplamente utilizada como suplemento em dietas de ruminantes. Os benefícios associados à Sc incluem o aumento da digestão da fibra em detergente neutro (FDN) e da matéria seca (MS; Plata *et al.*, 1994), o aumento da taxa inicial de digestão da fibra (Williams *et al.*, 1991), a melhoria da eficiência microbiana e a degradação *in situ da* proteína bruta (PB) (Olson *et al.*, 1994).

Bruni e Chilibroste (2001) referem que, em alternativa ao desaparecimento do substrato, a produção cumulativa de gás é medida como um indicador do metabolismo do carbono, centrando-se na acumulação de produtos finais da fermentação, tais como o dióxido de carbono (CO_2), o metano (CH_4) e os ácidos gordos voláteis (AGV). No entanto, as leveduras *Kluyveromyces lactis* e *Issatchenkya orientalis* têm sido pouco estudadas como aditivos para melhorar a digestibilidade de dietas fibrosas em ruminantes.

Assim, o objetivo foi avaliar o efeito de um inóculo de levedura e de bagaço de maçã fermentado contendo *Kluyveromyces lactis*, *Issatchenkya orientalis* e *Saccharomyces cerevisiae* adicionado à dieta de vitelos desmamados sobre a digestibilidade da fibra, a produção de gás e o perfil de AGV. Os resultados do presente estudo permitirão aos produtores e nutricionistas de gado ter uma melhor compreensão da utilização destes aditivos alimentares na digestibilidade da fibra e no perfil de AGV, permitindo otimizar a sua utilização neste tipo de animais.

MATERIAIS E MÉTODOS

Localização da área de estudo

[®]Esta investigação foi realizada nas instalações da Facultad de Zootecnia y Ecolog^a da Universidad Autonoma de Chihuahua, Chih., México, situada nas coordenadas 28° 35' 07" de latitude norte e 106° 06' 23" de longitude oeste, com uma altitude de 1.517 m.a.s.l., de acordo com o Sistema de Posicionamento Global (GPS, MAGELLAN , MobileMapper-Pro). A temperatura média anual é de 18,2 °C, com uma temperatura máxima média de 37,7 °C e uma temperatura média anual de 18,2 °C.

uma mínima média de -7,4 °C. A precipitação média anual é de 387,5 mm, com 71 dias de chuva por ano e uma humidade relativa de 49 %; predominantemente um clima semi-árido extremo (INAFED, 2008).

Descrição dos tratamentos

Para o desenvolvimento deste experimento, foram utilizadas as três dietas oferecidas aos bezerros em crescimento, conforme mencionado no Experimento I. T1 (controle): feno de aveia (HA) + silagem de milho (EM) + concentrado; T2: HA + EM + concentrado + bagaço de maçã fermentado (BMZN); T3: HA + EM + concentrado + inóculo de levedura (IL).

Análise química das dietas

Para obter os valores compostos da digestibilidade da matéria seca (MS), do teor de fibra em detergente neutro (FDN), de fibra em detergente ácido (FDA) e de lenhina em detergente ácido (LDA), foi analisada a composição química das fracções da dieta acima referidas. As amostras das dietas foram colhidas de 15 em 15 dias para formar amostras compostas mensais. As amostras foram secas a 60 °C durante 48 h numa estufa de ar forçado e moídas a 1 mm num moinho Wiley (Arthur H. Thomas Co., Philadelphia, PA), estas amostras foram secas a 105 °C durante 8 h numa estufa de ar forçado para determinar a MS absoluta e sequencialmente incineradas a 600 °C durante 4 h numa mufla para determinar as cinzas (AOAC, 2000). Nas amostras compostas de forragem e concentrado, foram determinadas as concentrações de FDN, FDA (Van Soest *et al.*, 1991) e ADL (Goering e Van Soest, 1970). Para a análise do FDN, foram utilizados sulfito de sódio (Na_2SO_3) e a-amilase termoestável (Ankom Technology) para remover a matéria azotada e o amido.

Digestibilidade *in vitro* da MS, NDF, FDA e LDA da dieta.

Antes da incubação, os sacos foram imersos em acetona para remover o surfactante que inibe a digestão microbiana, e depois secos à temperatura ambiente. [11]Em seguida, amostras compostas das dietas (0,45 g ± 0,05) foram pesadas em sacos de filtro ANKOM® F57 (25 pm de porosidade e dimensões de 5 x 4 cm) identificados e selados a quente e incubados *in vitro* de acordo com a metodologia Daisy (ANKOM Technology Corp., Fairport, NY-USA), que envolve soluções tampão A e B e inóculo ruminal.

[®]O meio de cultura foi preparado de acordo com o procedimento da ANKOM Technology . O tampão A era composto por 10 g/L de KH_2PO_4, 0,5 g/L de $MgSO^{4}7H_2O$, 0,5 g/L de NaCl, 0,1 g/L de $CaC^{1}2H_2O$ e 0,5 g de ureia num litro de água destilada. A solução tampão B era constituída por 15 g de Na_2CO_3 e 1,0 g de $Na_2S^{4}9H_2O$ num litro de água destilada. Para preparar o inóculo, as duas soluções foram pré-aquecidas a uma temperatura de 39 °C e misturadas numa proporção de 5:1 (1330 mL de solução A e 266 mL de solução B), ajustando o pH para 6,8 a 39 °C. A esta mistura de soluções, foram adicionados 400 mL de Kquido ruminal para obter uma quantidade de 2000 mL, que foi distribuída nos quatro frascos do digestor *DAISYII* *(500* mL por frasco), posteriormente, os sacos de cada amostra foram colocados em triplicado, adicionando um saco padrão e um saco branco (sem amostra) e procedeu-se à análise da digestibilidade verdadeira *in vitro* durante 48 h a 39 °C (± 0,5).

Após a incubação, os sacos foram retirados dos frascos e lavados com água da torneira até a água ficar limpa. Os sacos foram secos numa estufa de ar forçado durante três horas a 105 °C para determinar a digestibilidade da MS. [200]Posteriormente, a FDN e a FDA foram determinadas sequencialmente no aparelho ANKOM (Ankom Technology Corp., Fairport, NY) de acordo com a metodologia descrita por Van Soest *et al.* (1991) e a ADL de acordo com o procedimento de Goering e Van Soest (1970).

Recolha de fluidos ruminais

O fluido ruminal foi recolhido 15 minutos antes da alimentação, utilizando duas vacas Herford com cânulas como dadores de inóculo. Estes animais foram alimentados com uma dieta de manutenção à base de silagem de milho, com água fresca à disposição. O inóculo ruminal foi adquirido diretamente do rúmen, com a ajuda de 3 dobras de gaze para recolher o conteúdo ruminal e depositá-lo num recipiente térmico (2 L) a 39 °C, adicionando uma pequena quantidade de digesta ruminal de cada animal. Em seguida, foi transportada para o laboratório de Nutrição Animal, onde foi filtrada através de duas camadas de pano de filtro, retirando a parte sólida do pano e depositando-a num liquidificador juntamente com o Kquido ruminal, liquefazendo-os durante 30 s, aplicando dióxido de carbono (CO_2) constantemente para garantir condições anaeróbias.

A solução liquefeita, juntamente com o restante Kquido ruminal, foi novamente filtrada e depositada num recipiente mantido num banho de água a 39 °C e continuamente saturado com CO_2. Este procedimento garante que o inóculo é composto por microrganismos no kieselguhr e na fibra. Finalmente, um total de 400 mL de inóculo ruminal foi depositado em cada um dos jarros de digestão, onde as soluções-tampão misturadas foram gaseificadas durante 30 s com CO_2.

Produção de gás *in vitro*

A produção de gás *in vitro* (PG) foi efectuada utilizando o protocolo de Menke e Steingass (1988), com as modificações mencionadas por Muro (2007). Esta técnica é amplamente utilizada para determinar a quantidade de gás produzido a partir de um alimento num período de incubação, que está relacionado com a degradação do alimento.

A disposição das amostras consiste em triturar o substrato numa malha de 1 mm (Menke *et al.*, 1979). O meio ruminal *in vitro* foi constituído por solução A (micromineral) com 13,2 g de $CaChH_2O$, 10,0 g de MnC^4H_2O, 1,0 g de CoC^6H_2O e 8,0 g de $FeCls^6H_2O$ aferidos em 100 mL de água destilada; solução B (bufer) com 39,0 g de $NaHCO_3$ aferidos em 1 L de água destilada; solução C (macromineral) com 5.7 g de Na_2HPO_4, 6,2 g de KH_2PO_4 e 0,6 g de $MgSO^7H_2O$ aferidos em 1 L de água destilada; solução de rezasurina (100 mg de rezasurina) aferida em 100 mL de água destilada, utilizada como indicador de anaerobiose; e finalmente a solução redutora com 4,0 g de NaOH 1N e 0,625 g de $Na_2S^9H_2O$ aferidos em 100 mL de água destilada.

As soluções A, B, C e a resazurina foram adicionadas a um frasco com água destilada, que foi colocado numa incubadora com agitador rotativo a 39 °C, sendo depois adicionada a solução redutora e gaseificada com CO_2 até a cor da mistura (saliva artificial) passar de azul a rosa claro. As incubações das amostras foram efectuadas em triplicado mais um branco em cada uma das horas, utilizando frascos de vidro de 50 mL, fechados com rolhas de borracha; a estes foram adicionados 0,2 g de amostra, 10 mL de líquido ruminal e 20 mL de saliva artificial. Os frascos com amostra, líquido ruminal e saliva artificial foram vedados e colocados na incubadora (Shaker I2400) a 39 °C com agitação constante (67 rotações por minuto; rpm), protegidos da luz durante as 96 h do teste. [®]A pressão interna dos frascos devido à degradação dos alimentos foi medida com um transdutor de pressão (FESTO) às 3, 6, 12, 24, 48, 72 e 96 h de incubação, perfurando os frascos e registando a pressão acumulada (Theodorou *et al.*, 1994). Os resultados foram expressos em mL PG por 0,2 g de MS (mL PG/0,2 g MS).

Produção e perfilagem AGV

Foi recolhida uma amostra de 20 mL dos frascos PG para determinação dos ácidos acético, propiónico e butírico às 3, 6, 12, 24, 48, 72 e 96 h, que foram filtrados com duas camadas de gaze para separar o conteúdo sólido do kieselguhr. O pH deste último foi imediatamente determinado utilizando um potenciómetro (Combo, HANNA instruments® Inc., Woonsocket, RI), e uma subamostra de 10 mL foi retirada e centrifugada a 3 500 *xg a* 4 °C durante 10 min. O sobrenadante foi então depositado em frascos âmbar previamente marcados, acidificado com 0,2 mL de H_2SO_4 a 50 % e congelado a - 20 °C até à análise. Antes da medição, as amostras foram descongeladas em refrigeração a 4 °C, adicionadas de ácido metafosfórico a 25 % e centrifugadas de novo com as características acima referidas e conservadas em refrigeração até à análise por cromatografia gasosa (Brotz e Schaefer, 1987).

Os ácidos gordos voláteis (AGV) foram analisados por meio de um cromatógrafo de fase gasosa (SRI 8610, SRI Instruments, CA), com uma coluna ECONO-CAPTM ECTM da Alltech com as seguintes dimensões: 15 m de comprimento, diâmetro externo (0,53 mm) e 0,25 mm de diâmetro interno. Injectou-se 0,6 pL a uma temperatura do injetor de 230 °C e do detetor de chama de 250 °C, a rampa de temperatura do forno foi de 100 °C, 20 °C por minuto e 190 °C durante 1 minuto, com um tempo médio de leitura de 1,51, 1,92 e 2,48 minutos para o ácido acético, o ácido propiónico e o ácido butímico, e um tempo líquido de leitura de 6,83 minutos.

Azoto amoniacal (N-NH_3)

Foi obtida uma amostra de 20 mL dos frascos PG para analisar o N-NH_3 às 3, 6, 12, 24, 48, 72 e 96 h, que foram filtradas com duas camadas de gaze para separar o material sólido e o kieselguhr; determinando o pH da mesma forma que a amostra de AGV. Uma subamostra de 10 mL foi então recolhida e centrifugada da mesma forma que a amostra de AGV. O sobrenadante foi então decantado para recipientes de plástico de 20 mL previamente rotulados, congelado a - 5 °C para armazenamento até à análise, descongelado a 4 °C antes da medição e a concentração determinada por colorimetria de acordo com a técnica de Broderick e Kang (1980).

A equação de previsão para o cálculo da concentração de N-NH3 foi obtida a partir da análise em triplicado de soluções padrão com teores de 0, 5, 10, 15, 15, 20 e 25 pL de N-NH3/mL, utilizando água destilada como branco no ponto zero (0 pL). O procedimento para medir a absorbância das amostras, da solução padrão e dos brancos, foi desenvolvido da seguinte forma: 920 pL de água destilada e 80 pL da amostra concentrada foram adicionados em tubos de ensaio para completar 1 mL, foram misturados em vórtex (Vortex Genie II) posteriormente 50 pL da amostra diluída foram retirados para cada repetição e depositados em tubos de ensaio, adicionando-se 2.5 mL de fenol e misturados em vórtex, depois foram adicionados 2 mL de hipoclorito, misturando novamente; para o padrão ou branco foram adicionados 50 pL de água destilada, 2,5 mL de fenol e 2 mL de hipoclorito, as soluções obtidas foram misturadas em vórtex e incubadas por 5 min em banho-maria (90 a 100 °C).

Em seguida, deixou-se arrefecer as amostras durante 5 minutos à temperatura ambiente e mediu-se a absorvância de cada amostra a um comprimento de onda de 630 nanómetros (nm), tendo-se previamente ajustado o valor da absorvância a 0, utilizando como referência os valores em branco. Com os resultados obtidos a partir da absorvância, a equação de previsão obtida com a solução padrão e a percentagem de diluição das amostras, foi calculada a concentração de N-NH3 em milimolar por mililitro de amostra (mM/mL).

Ácido lático

Foi recolhida uma amostra de 20 mL das garrafas de PG para análise do ácido lático às 3, 6, 12, 24, 48, 72 e 96 h; o procedimento de manuseamento da amostra foi semelhante ao da variável N-NH3 até ao momento da análise. A concentração de ácido lático foi determinada por colorimetria, de acordo com o procedimento de Taylor (1996). Para o padrão, foram utilizados 5, 10, 15, 20 e 25 pL de ácido lático/mL e água destilada como branco (0 pL de ácido lático/mL).

A análise foi realizada em triplicado, 3 mL de H2SO4 concentrado e 0,5 mL da amostra diluída foram adicionados em tubos de ensaio do padrão (branco), as soluções obtidas foram misturadas em vórtex (Vortex Genie II) e incubadas durante 10 min num banho de água (95 a 100 °C).

Em seguida, foram adicionados a cada tubo 100 pL de solução de CuSO4 a 4 % e 200 pL de solução de p-fenilfenol a 1,5 % em etanol a 95 %, misturados novamente e deixados em repouso durante 30 minutos à temperatura ambiente (não inferior a 20 °C). A absorvância do conteúdo de cada tubo foi medida a um comprimento de onda de 570 nm. Utilizando a concentração de ácido lático e a equação de previsão obtida com as soluções-padrão e a percentagem de diluição das amostras, calculou-se a concentração de ácido lático em milimolar por mililitro de amostra (mM/mL).

Análise estatística

Para a análise da digestibilidade da MS, NDF, FDA e LDA, foi utilizado um modelo estatístico que incluiu o tratamento como efeito fixo num delineamento inteiramente casualizado. Por outro lado, para as variáveis de ácido acético, ácido propiónico, ácido butímico, N-NH3, ácido lático e pH, foi utilizado um modelo estatístico que incluiu o tratamento e o tempo como efeito fixo. Também a produção de gás foi analisada com um modelo semelhante que incluía o tratamento, o tempo e a sua interação como efeitos fixos. Para analisar os parâmetros A, B e C do modelo de regressão não linear ajustado, o tratamento foi utilizado como efeito fixo. O teste de Tukey foi utilizado para estabelecer possíveis diferenças entre as médias dos tratamentos (Steel e Torrie, 1997).

As quantidades de PG acumuladas *in vitro* foram ajustadas ao modelo não linear de fase única de Groot *et al.* (1996), calculando os parâmetros de fermentação A, B e C com o procedimento NLIN do SAS 9.0 (SAS, 2004).

$^{c}G = A / (1 + (B / t))$

Onde:

G.- Produção média de gás (mL 0,2 g de MS) para um determinado tempo de incubação.

A.- Produção de gás comointote (mL 0,2 g de MS).

B.- Tempo (h) após a incubação em que se atinge metade da produção de gás.

C.- Constante que determina a forma e as características do perfil da curva e, portanto, a posição do ponto de inflexão.

t.- Variável preditora que representa o tempo de incubação em horas.

Para analisar os parâmetros A, B e C, subtraiu-se o PG do branco a cada uma das amostras (triplicado) para obter a quantidade total acumulada em cada uma das horas de fermentação *in vitro*. Posteriormente, os valores acumulados de cada repetição em cada hora de amostragem foram analisados com o modelo de Groot *et al.* (1996) para obter estes parâmetros, os quais foram analisados com PROC GLM para estabelecer por Tukey as possíveis diferenças entre as médias dos tratamentos, declarando efeito significativo quando os valores de *P* eram < 0,05.

RESULTADOS E DISCUSSÃO

Digestibilidade *in vitro* da MS, NDF, FDA e LDA da dieta.

Digestibilidade da matéria seca. A Tabela 10 mostra a digestibilidade da MS, NDF, FDA e LDA por tratamento. A maior digestibilidade da MS foi observada em T2 e T3 com valores de 72,02 e 72,49 %, sendo superior (P<0,05) ao T1 cujo valor foi de 64,57 %. Esta resposta tem sido associada à melhoria da digestibilidade da fibra, nomeadamente da FDN e da FDA apresentada por ambos os tratamentos, bem como ao menor teor de LDA.

Sauvant *et al.* (2004) observaram uma tendência para aumentar a digestibilidade da matéria orgânica (MO; 0,5 %) em vacas Holstein no período seco que receberam uma cultura de levedura na sua dieta em relação ao grupo de controlo. Por outro lado, no mesmo ano, publicaram que a suplementação com culturas de leveduras Sc (0, 2,5 e 5 g/d) em cabras Núbias aumentou a digestibilidade da MO da dieta em 12,1 e 10,1 % e a digestibilidade da FDN em 13,3 e 10,5 % para 2,5 e 5 g/d em relação à dieta de controlo (Fadel El-seed *et al.*, 2004). Noutro trabalho, relataram que a digestibilidade da MS, da FDN e da FDA do feno de bersina era mais elevada quando se adicionava o inóculo de levedura Sc (22,5 g/d), em contraste com a adição de 11,25 g/d na dieta basal de cordeiros de engorda (El-Waziry e Ibrahim, 2007).

Neste estudo, observou-se maior digestibilidade da MS em T2 e T3, apresentando um aumento de 11,54 e 12,27 % em relação a T1, talvez porque o BMZN e a IL melhoraram o ambiente microbiano das bactérias celulolíticas e consequentemente aumentaram a digestibilidade da MS.

Digestibilidade in *vitro* das fracções fibrosas de dietas contendo bagaço de maçã fermentado e um inóculo de levedura.

Digestibilidade (%)	T1	Tratamento[1]		T3	_EE (±)
		T2			
EM	64.57[b]	72.02[a]		72.49[a]	0.82
FDN	67.32[b]	70.77[a]		70.25[a]	0.82
FDA	60.53[b]	64.07[a]		64.56[a]	0.82
LDA	5.55[a]	4.25[b]		4.14[b]	0.04

[ab] As médias com diferentes literais de linha são diferentes (P<0,05) entre os tratamentos. [1]
T1 = Feno de aveia (HA) + silagem de milho (EM) + concentrado; T2 = HA + EM + concentrado + bagaço de maçã fermentado (BMZN); T3 = HA + EM + concentrado + inóculo de levedura (IL).

Isto está de acordo com outros autores, que relataram que a suplementação com leveduras aumenta a digestibilidade dos nutrientes, estimulando o crescimento da população microbiana do rúmen (Harrison *et al.*, 1988). Foi também sugerido que as leveduras consomem o oxigénio disponível à superfície do alimento fresco ingerido para manter a atividade metabólica e assim reduzir o potencial redox no rúmen (Chaucheyras-Durand *et al.*, 2008). Estas alterações criam melhores condições para o crescimento de bactérias anaeróbias estritas, como as bactérias celulolíticas, estimulando a sua ligação às partículas de forragem e provocando um aumento da taxa inicial de degradação da fibra (Roger *et al.*, 1990), produzindo factores de crescimento como ácidos orgânicos e vitaminas (Chaucheyras *et al.*, 1995).

Por outro lado, Ahmed e Salah (2002) desenvolveram uma experiência com dois níveis de cultura de levedura (0, 4, 8 g/d) na dieta de cordeiros de engorda, e relataram que o coeficiente de digestão da MS foi melhorado em ambos os níveis de levedura quando comparado com a dieta de controlo, enquanto que a digestibilidade do PC foi apenas significativa entre o controlo e o grupo alimentado com 8 g/d.

Também foi mencionado que o tipo de dieta pode determinar o efeito da levedura na digestibilidade. Tang *et al.* (2008) estudaram o efeito de culturas de leveduras nas características de fermentação *in vitro* de restolho de arroz, trigo e milho, e relataram que a cultura de leveduras (0, 2,5 e 7,5 g/kg de MS) aumentou a digestibilidade *in vitro da* MS para cada tipo de restolho. Por outro lado, ao adicionar uma cultura de levedura Sc (10 g/d) a três dietas de novilhos consistindo em 75 % de silagem de alfafa e 25 % de cevada, 96 % de silagem de milho e 4.0 % de farinha de soja, 75 % de grão de cevada laminado e 25 % de feno de alfafa, relataram que o coeficiente de digestibilidade das dietas para a MS, PC, FDA e NDF não diferiu com a inclusão de levedura, exceto para a dieta de alto grão, na qual a cultura de levedura aumentou a digestibilidade da MS e PC (Mir e Mir, 1994).

Digestibilidade da FDN e FDN. A maior percentagem de digestibilidade da FDN foi apresentada pelo T2 e T3 com valores de 70,77 e 70,25 %, sendo superior (P<0,05) ao T1 com um valor de 67,32 %. Da mesma forma, ambos os tratamentos também apresentaram a maior digestibilidade da FDA atingindo 64,07 e 64,56 % para T2 e T3 em relação a T1 com um valor de 60,53 %. Estes resultados coincidem com os de Kholif e Khorshed (2006), que relataram um efeito positivo da suplementação de levedura a búfalas em lactação sobre a digestibilidade da FDN, FDA, celulose, hemicelulose e PC. Por outro lado, outros autores mencionaram que a digestibilidade do PC e FDA foi significativamente aumentada pela adição de cultura de levedura de 10 e 20 g/d em vacas frescas alimentadas com uma dieta basal de silagem de milho, a digestibilidade do PC com 0, 10 e 20 g/d mostrou valores de 78.5, 80.8 e 79.5 % e a digestibilidade do FDA de 54.4, 60.2 e 56.8 %, respetivamente (Wohlt *et al.*, 1998).

No presente estudo, o tratamento com BMZN e o tratamento com adição de IL apresentaram maior digestibilidade da FDN e da FDA. Isto pode dever-se ao facto de terem estimulado o ambiente microbiano, aumentando o número de bactérias celulolíticas e melhorando a degradação da fibra. Isto coincide com Koul *et al.* (1998) que observaram um aumento do número de bactérias totais, celulolíticas e proteolíticas quando uma cultura de levedura foi adicionada a vacas Holstein não lactantes. Do mesmo modo, Harrison *et al.* (1988) comentaram que a digestibilidade dos nutrientes aumenta quando se utilizam culturas de leveduras em dietas de ruminantes, o que é atribuído à estimulação do crescimento em número da população microbiana do rúmen.

O efeito direto dos componentes fibrosos da dieta, sendo estes fermentados, mas com um progresso lento do músculo do rúmen para o trato digestivo subsequente, tem um grande efeito no tempo de enchimento do rúmen (Allen, 1996). Por outro lado, Fadel El-seed *et al.* (2004) publicaram que o aumento da digestibilidade da FDN pode diminuir o efeito de enchimento do rúmen, o que pode aumentar o consumo de ração.

Digestibilidade do LDA. O maior teor de LDA (P<0,05) foi revelado pelo T1 com 5,55 % em comparação com T2 (4,25) e T3 (4,14). Esta resposta foi associada à baixa digestibilidade da MS, FDN e FDA, que causou o aumento de LDA. A lignina é o principal componente da estrutura da parede celular das plantas, aumentando com a maturidade (Guo *et al.*, 2001), o que afeta a digestibilidade dos tecidos vegetais (Van Soest, 1994), pois geralmente está ligada aos carboidratos estruturais das paredes celulares que dão sustentação à planta (Whetten e Sederoff, 1995), o que está negativamente correlacionado com a qualidade da forragem e a digestibilidade pelos ruminantes (Sewalt *et al.*, 1996).

Produção de gás *in vitro*

A produção acumulada de gás *in vitro* é apresentada no gráfico 1, onde se observa que o T3 apresentou o maior (P<0,05) volume de gás produzido (1,6 mL/0,2 g de MS) a partir da hora 6 de incubação em relação ao T1. No entanto, na hora 24, T3 foi superior (P<0,05) a T1 e T2 com um volume de gás de 4,20, 3,40 e 1,97 mL/0,2 g de MS, respetivamente. Seguindo a mesma tendência até a hora 96. A importância desta variável indica que alimentos com alta produção de gás durante as primeiras horas de fermentação aumentarão a ingestão voluntária, resultante de uma alta taxa de digestão (Fadel El-seed *et al.*, 2004). A degradação de um substrato começa com fracções facilmente digeríveis, como os hidratos de carbono altamente fermentáveis, como o amido. Por conseguinte, o comportamento observado nesta experiência pode ser explicado pela menor quantidade de FDN, FDA e LDA nos tratamentos com adição de BMZN e IL, pelo que podemos assumir que favoreceram a colonização microbiana em ambos os tratamentos e, por conseguinte, melhoraram a digestibilidade da dieta.

Parâmetros de fermentação in *vitro*

A Tabela 11 apresenta os parâmetros da cinética de fermentação. O parâmetro **(A)** representa a quantidade de produção de gás (mL), onde T2 e T3 obtiveram a maior (P<0,05) produção de gás (9,11 e 9,45 mL) quando comparados a T1 que teve 6,27 mL. Isso implica que T2 e T3 terão um menor tempo de residência ruminal resultando em um maior volume de produção de gás.

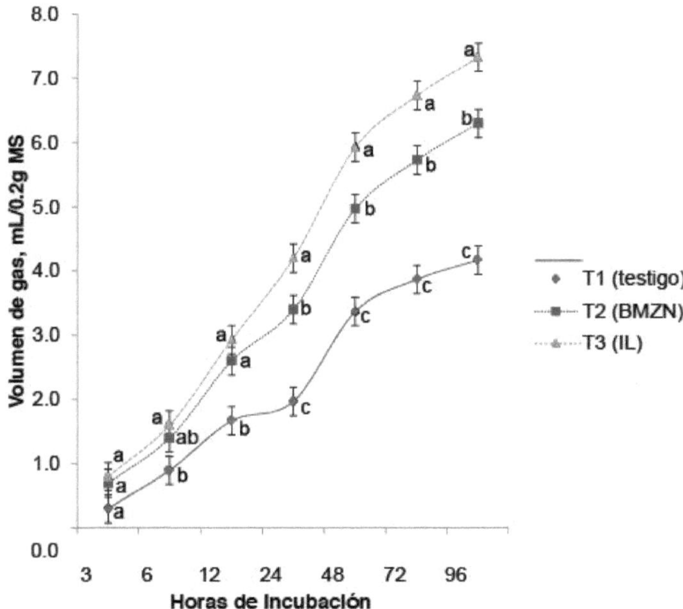

Produção média (± SE) de gás de T1 (feno de aveia, silagem de milho e concentrado), T2 (feno de aveia, silagem de milho, concentrado e bagaço de maçã fermentado) e T3 (feno de aveia, silagem de milho, concentrado e inóculo de levedura) durante a fermentação ruminal *in vitro*.

[abc] As médias com diferentes literais no tempo são diferentes (P<0,05) entre tratamentos.

Tabela 11: Parâmetros de degradabilidade ruminal da MS de três dietas diferentes.

Parâmetro	Tratamento[1]			EE(±)
	T1	T2	T3	
A	6.27[b]	9.11[a]	9.45[a]	0.32
B	45.03[a]	39.9[a]	29.13[a]	4.48
C	0.94[a]	0.89[a]	1.02[a]	0.04

[ab] Médias com diferentes literais de linha são diferentes (P<0,05) entre os tratamentos. A = Asintota na produção de gás (mL 0,2 g MS).
B = Tempo (h) em que é atingida metade da produção assintótica.
C = Taxa de produção de gás (mL h).
[1] T1 = Feno de aveia (HA) + silagem de milho (EM) + concentrado; T2 = HA + EM + concentrado + bagaço de maçã fermentado (BMZN); T3 = HA + EM + concentrado + inóculo de levedura (IL).

Isto pode dever-se ao facto de os ingredientes dos tratamentos mencionados terem estimulado o ambiente microbiano, provocando um aumento da taxa de fermentação e diminuindo numericamente o tempo necessário para atingir metade da produção de asintóticas.

O parâmetro **(B)**, expressa o tempo durante a incubação (h) que é necessário para atingir a metade da assíntota na produção de gás, que não apresentou diferença significativa (P>0,05) entre os tratamentos. T2 e T3 apresentaram o menor tempo numericamente (39,9 e 29,13 h) em relação a T1 (45,03 h). Este parâmetro explica o tempo de fermentação ruminal devido à melhoria na composição química da dieta, talvez porque o BMZN e a IL melhoraram o ambiente microbiano levando a um aumento na digestibilidade da fibra e, portanto, um aumento na concentração de substratos disponíveis para os microorganismos (Cone *et al.*, 1998). A função biológica deste parâmetro indica que as dietas que incluíram BMZN e IL necessitarão de menos 5,13 e 15,90 h de fermentação ruminal em relação a T1 para atingir metade do asintot na produção de gás, o que equivale a uma maior taxa de digestão ruminal, permitindo que estas dietas favoreçam o consumo de ração. O parâmetro **(C)**, que indica a taxa de produção de gás (mL/h), não apresentou diferença significativa (P>0,05) entre os tratamentos. No entanto, o T3 apresentou numericamente uma maior taxa de produção de gás revelando 1,02 mL/h em relação ao T1 e T2 que apresentaram 0,94 e 0,89 mL/h. Este comportamento sugere que o T3 possui uma maior taxa de produção de gás em relação ao T1 e T2. Este comportamento sugere que T3 tem uma taxa de fermentação superior aos restantes tratamentos, o que é marcado pelo facto de esta dieta necessitar de menos tempo de fermentação (parâmetro **B**) para atingir metade da produção de gás assintótico (parâmetro **A**).

Produção e perfilagem AGV

A Tabela 12 mostra a produção e o perfil dos AGVs entre os tratamentos, onde se observa que T2 e T3 apresentaram maiores (P<0,05) concentrações dos ácidos acético (16,00 e 17,19 mmol/L), propiônico (6,54 e 6,13 mmol/L) e butímico (2,63 e 2,67 mmol/L) quando comparados ao T1 que apresentou valores de 12,06, 3,52 e 1,21 mmol/L, respetivamente.

Foi referido que o padrão de fermentação nos ruminantes tem lugar no ambiente ruminal, que é influenciado pela interação entre a dieta, a população microbiana e o próprio animal (Allen e Mertens, 1988). Da mesma forma, Rodriguez e Llamas (1990) referiram que a produção de AGV está relacionada com a produção de metano e que o equilíbrio fermentativo deve ser mantido em permanência, porque o metano e o propionato servem como removedores do excesso de equivalentes redutores produzidos ao nível do rúmen. A adição de culturas de leveduras em alimentos para ruminantes tem mostrado efeitos contraditórios na concentração de AGV no rúmen. Corona *et al.* (1999) relataram que novilhos e cordeiros suplementados com 7,5 e 3 g/d de uma cultura de levedura Sc apresentaram baixas concentrações de AGV totais e razão molar de ácido butímico, respetivamente. Por outro lado, publicaram que a concentração total de AGV no rúmen e a relação entre os ácidos acético, propiónico e butímico não foram afectadas pela adição de culturas de leveduras (Pinos-Rodriguez *et al.*, 2008). No entanto, Harrison *et al.* (1988) encontraram uma diminuição na razão molar do ácido acético e um aumento na concentração molar do ácido propiónico no fluido ruminal de vacas Holstein suplementadas com 114 g/d de uma cultura de levedura contendo Sc.

Tabela 12. Comportamento da produção de AGV e perfis entre tratamentos durante a fermentação *in vitro*.

Variável	Tratamentos[1]			EE(±)
	T1	**T2**	**T3**	
Ácido acético (mmol/L)	12.06[b]	16.00[a]	17.19[a]	0.90
Ácido propiónico (mmol/L)	3.52[b]	6.54[a]	6.13[a]	0.75
Ácido butímico (mmol/L)	1.21[b]	2.63[a]	2.67[a]	0.41

[ab] As médias com diferentes literais de linha são diferentes (P<0,05) entre tratamentos.

[1] T1 = Feno de aveia (HA) + silagem de milho (EM) + concentrado; T2 = HA + EM + concentrado + bagaço de maçã fermentado (BMZN); T3 = HA + EM + concentrado + inóculo de levedura (IL).

No presente estudo, observou-se um aumento na concentração dos ácidos acético, propiónico e butínico na dieta com a adição de BMZN e um IL, provavelmente devido à melhoria do ambiente ruminal e, consequentemente, ao aumento do número de bactérias celulolíticas, levando a uma maior digestibilidade da MS, NDF e FDA, como se mostra no Quadro 10.

Koul *et al.* (1998) relataram um aumento no total de AGV no rúmen de vitelos búfalos alimentados com 5 g/d de uma cultura de levedura contendo Sc quando comparados com o grupo de controlo (132.2 e 122.4 mmol/L). Noutro estudo, Dolezal *et al.* (2005) observaram um aumento na produção de AGV aumentando a dose da cultura de levedura Sc (estirpe SC-47) na alimentação de vacas Holstein em lactação.

Concentração de N-NH3, ácido lático e pH

A Tabela 13 apresenta a concentração de N-NH3, ácido lático e pH entre os tratamentos. A maior (P<0,05) concentração de N-NH3 foi apresentada por T2 e T3 revelando valores de 0,21 e 0,22 mM/mL quando comparados com T1. Da mesma forma, ambos os tratamentos foram diferentes (P<0,05) na concentração de ácido lático (1,46 e 1,37 mM/mL) em relação ao T1. Por outro lado, observou-se um pH mais elevado (6,74) (P<0,05) em T3 em comparação com T1 e T2. Este último manteve um pH mais elevado (6,56) (P<0,05) em relação ao T1.

Azoto amoniacal (N-NH3). Várias fontes de azoto contribuem para a produção de amoníaco, como o azoto não proteico (NNP) da dieta, o azoto salivar e possivelmente pequenas quantidades de ureia que penetram através do epitélio ruminal (Moloney e Drennan, 1994).

Tabela 13: Médias (± EE) da concentração de N-NH3, ácido lático e comportamento do pH dos tratamentos durante a fermentação *in vitro*.

| Variável | T1 | Tratamentos[III][IV] | | |
		T2	T3	EE(±)
N-NH3(mM/mL)	0.18[b]	0.21[a]	0.22[a]	0.01
Ácido lático (mM/mL)	2.30[a]	1.46[b]	1.37[b]	0.20
pH	6.19[c]	6.56[b]	6.74[a]	0.06

No presente estudo, observou-se um aumento na concentração de N-NH3 (0,21 e 0,22 mM/mL) nas dietas com adição de BMZN e um IL, talvez devido à melhoria do ambiente ruminal e conseqüente aumento da digestibilidade da dieta, o que coincide com Newbold *et al.* (1995) onde observaram um aumento na concentração de N-NH3 na fermentação ruminal *in vitro*, atribuindo o resultado ao aumento da disponibilidade de substrato para os microorganismos. O pH baixo inibe a produção de N-NH3 *in vitro* porque afecta as bactérias metanogénicas (*Methanobacterium bryantii, M. formicicum e Methanosarcina barkeri*) e os protozoários na degradação da fibra (Nagaraja e Titgemeyer, 2007).

Ácido lático e pH. Williams *et al.* (1983) observaram que um pH ruminal baixo reduz a viabilidade das bactérias celulolíticas (*Ruminococcus albus e Fibrobacter succinogenes*), reduzindo assim a atividade sobre os hidratos de carbono estruturais. Noutro estudo, concluiu-se que, em condições de baixo pH ruminal, o ataque bacteriano às paredes celulares é reduzido e, consequentemente, a sua digestão é reduzida (Cheng *et al.*, 1984), pelo que se considera que um pH ruminal superior a 6,2 é o ótimo para uma boa digestão da celulose (Rodriguez e Llamas, 1990).

Nesta pesquisa, observou-se que os tratamentos com adição de BMZN e IL diminuíram a concentração de ácido lático, enquanto o T3 aumentou o pH, talvez por estimularem

---

[abc] As médias com diferentes literais de linha são diferentes (P<0,05) entre tratamentos.
[IV] T1 = Feno de aveia (HA) + silagem de milho (EM) + concentrado; T2 = HA + EM + concentrado + bagaço de maçã fermentado (BMZN); T3 = HA + EM + concentrado + inóculo de levedura (IL).

bactérias consumidoras de lactato (Megasphaera elsdenii e Selenomonas ruminantium) e, portanto, a IL estimulou o ambiente microbiano para manter um pH ótimo, Isto é coerente com Robinson (2010), que observou que a modulação do pH ruminal é um dos efeitos da adição de levedura na dieta, exercendo um aumento médio do pH ruminal, exercendo um aumento médio do pH ruminal (1.6 %), um aumento global dos AGV totais (5,4 %) e uma diminuição global da concentração de lactato (8,1 %).

(2004) não observaram qualquer efeito da cultura de levedura na concentração de AGV e no pH ruminal, revelando apenas uma tendência para aumentar a digestibilidade da MS (+0,5 %) em vacas Holstein em período seco. O estudo de meta-análise de Desnoyers *et al.* (2009) sugeriu que a suplementação com leveduras aumentou a concentração de AGV (2,1 mmol/L) e o pH ruminal, juntamente com uma tendência para diminuir a concentração de lactato em vacas Holstein em transição. Os mesmos autores relataram que as leveduras são capazes de limitar a redução do pH ruminal que está normalmente relacionada com um aumento na concentração de AGV. Por outro lado, as leveduras são capazes de limitar a produção de ácido lático ou a sua acumulação no rúmen (Desnoyers *et al.*, 2009), provavelmente porque as leveduras podem competir com as bactérias fermentadoras de amido (Lynch e Martin, 2002), impedindo a acumulação de lactato no rúmen (Chaucheyras *et al.*, 1995).

CONCLUSÕES E RECOMENDAÇÕES

A adição de BMZN e uma IL na dieta de bezerros desmamados melhorou a digestibilidade da MS, NDF e FDA, embora não tenha sido determinado se essas melhorias promoveriam um melhor desempenho dos animais. Além disso, a adição destes ingredientes resultou num aumento da produção de gás e AGV devido ao aumento da digestibilidade em comparação com a dieta de controlo.

Além disso, a adição de bagaço de maçã fermentado e inóculo de levedura na dieta aumentou a concentração de N-NH3 e pH, diminuindo a concentração de ácido lático.

Com base nos resultados obtidos neste estudo, recomenda-se o desenvolvimento de mais pesquisas com os suplementos BMZN e IL, considerando a prioridade de maximizar a digestão da fibra, é necessário avaliar estes suplementos sob diferentes níveis de inclusão, a fim de obter uma melhor resposta animal.

LITERATURA CITADA

Ahmed, B. M. e M. S. Salah. 2002. Efeito da cultura de levedura como aditivo à alimentação de ovinos no desempenho, digestibilidade, balanço de azoto e fermentação ruminal. J. King Saud. Univ. Agric. Sci. 14:1-13.

Akin, D. E. 1989. Factores histológicos e físicos que afectam a digestibilidade das forragens. Agron. J. 81: 17-25.

Allen, M. S. 1996. Physical constraints on voluntary intake of forages by ruminants. J. Anim. Sci. 74:3063-3075.

Allen, M. S. e M. Mertens. 1988. Evaluating constraints on fiber digestion by rumen microbes. J. Nutr. 118:261-270.

AOAC. 2000. Official Methods of Analysis. [th]Vol. I. 16 ed. International, Arlington, VA. U.S.A.

Beauchemin, K. A., D. Colombatto, D. P. Morgavi e W. Z. Yang. 2003. Use of exogenous fibrolytic enzymes to improve feed utilization by ruminants. J. Anim. Sci. 81:37-47.

Blummel, M., J. W. Cone, A. H. Van Gelder, I. Nshalai, N. N. Umunna, H. P. S. Makkar e K. Becker. 2005. Prediction of forage intake using *in vitro* gas production methods: Comparison of multiphase fermentation kinetics measured in an automated gas test, and combined gas volume and substrate degradability measurements in a manual syringe system. Anim. Feed Sci. Technol. 123:517-526.

Broderick, G. A. e J. H. Kang. 1980. Automated simultaneous determination of ammonia and total amino acids in ruminal fluid and *in vitro* media. J. Dairy. Sci. 63:64-75.

Brotz, P. G. e D. M. Schaeffer. 1987. Determinação simultânea de ácido lático e ácidos gordos voláteis em extractos de fermentação microbiana por cromatografia gás-líquido. J. Microbiol. Methods. 6:139-144.

Bruni M. de los A. e P. Chilibroste. 2001. Simulação da digestão ruminal pelo método de produção de gás. Arq. Latinoam. Prod. Anim. 9: 43-51.

Chaucheyras, F., G. Fonty, G. Bertin e P. Gouet. 1995. A utilização *in vitro de* H2 por uma bactéria acetogénica ruminal cultivada sozinha ou em associação com uma *Archaea metanogénica* é estimulada por uma estirpe probiótica de *Saccharomyces cereviciae*. Appl. Environ. Microbiol. 61:3466-3467.

Chaucheyras-Durand, F., N. D. Walker e A. Bach. 2008. Efeitos das leveduras secas activas no ecossistema microbiano do rúmen: Passado, presente e futuro. Anim. Feed Sci. Technol. 145:5-26.

Cheng, K. J., C. S. Stewart, D. Dinsdale e J. W. Costerton. 1984. Electron microscopy of the bacteria involved in the digestion of plant cell walls. Anim. Feed Sci. Technol. 10:93-101.

Cone, J. W., A. H. Van Gelder e H. Valk. 1998. Previsão das características de degradação de sacos de nylon de amostras de erva com a técnica de produção de gás. J. Sci. Food Agric. 77:421-426.

Corona, L., G. D. Mendoza, F. A. Castrejon, M. M. Crosby e M. A. Cobos. 1999. Avaliação de duas culturas de leveduras (*Saccharomyces cerevisiae*) na fermentação e digestão ruminal em ovinos alimentados com uma dieta de palha de milho. Small Rumin. Res. 31:209-214.

Desnoyers, M., S. Giger-Reverdin, G. Bertin, C. Duvaux-Ponter e D. Sauvant. 2009. Meta-análise da influência da suplementação com *Saccharomyces cerevisiae* nos parâmetros ruminais e na produção de leite de ruminantes. J. Dairy Sci. 92:1620-1632.

Dolezal, P., J. Dolezal e J. Trinacty. 2005. O efeito de *Saccharomyces cerevisiae* na fermentação ruminal em vacas leiteiras. Czech J. Anim. Sci. 50:503-510.

El-Waziry, A. M. e H. R. Ibrahim.2007. Efeito de *Saccharomyces cerevisiae* de levedura na digestão de fibras em ovelhas alimentadas com feno de berseem (*Trifolium alexandrinum*) e atividade de celulase. Aust. J. Basic. Applied Sci. 1:379-385.

Fadel El-seed, A. N. M. A., J. Sekine. H. E. M. Kamel e M. Hishinuma. 2004. Mudanças com o tempo após a alimentação nos tamanhos de pool ruminal de conteúdo celular, proteína bruta, celulose, hemicelulose e lignina. Indian J. Anim. Sci. 74:205-210.

Goering, H. K. e P. J. Van Soest. 1970. Forage Fiber Analyses (aparelhos, reagentes, procedimentos e algumas aplicações). P. 379 in Agric. Handbook. USDA-ARS, Washington, DC. U. S. A.

Groot, J. C. J. J., J. W. Cone, B. A. Williams, F. M. A. Debersaques e E. A. Lantinga. 1996. Multiphasic analysis of gas production kinetics for *in vitro* fermentation of ruminant feeds. Anim. Feed Sci. Technol. 64:77-89.

Guo, D., F. Chen, K. Inoue, J. W. Blount e R. A. Dixon. 2001. Downregulation of caffeic acid *3-O-methyltranferase* and caffeoyl CoA *3-O- methyltranferase* in transgenic alfalfa: Impacts on lignin structure and implications for the biosynthesis of G and S lignin. Plant Cell. 13:73-88.

Harrison, G. A., R. W. Hemken, K. A. Dawson, R. J. Harmon e K. B. Barker. 1988. Influência da adição de suplemento de cultura de levedura a dietas de vacas em lactação na fermentação ruminal e na população microbiana. J. Dairy Sci. 71:2967-2975.

Hoover, W. H. 1986. Factores químicos envolvidos na digestão ruminal da fibra. J. Anim. Sci. 69:2755-2768.

INAFED, 2008. Instituto Nacional de Federalismo e Desenvolvimento Municipal. http://www.inafed.gob.mx/work/templates/enciclo/chihuahua/. Acessado em 10 de setembro de 2012.

Kholif, S. M. e M. M. Khorshed. 2006. Efeito da suplementação com levedura ou levedura selenizada nas rações sobre o desempenho produtivo de búfalas em lactação. Egipto. J. Nutr. Feed. 9:193-205.

Koul, V., U. Kumar, V. K. Sareen e S. Singh. 1998. [1026]Modo de ação da cultura de levedura (Yea-Sacc) para estimulação da fermentação ruminal em vitelos búfalos. J. Sci. Food Agric. 77:407-413.

Lesmeister, K. E., A. J. Heinrichs e M. T. Gabler. 2004. Efeitos da cultura suplementar de levedura (*Saccharomyces cerevisiae*) no desenvolvimento do rúmen, características de crescimento e parâmetros sanguíneos em bezerros leiteiros neonatos. J. Dairy Sci. 87:1832-1839.

Lynch, H. A. e S. A. Martin. 2002. Effects of *Saccharomyces cerevisiae* culture and *Saccharomyces cerevisiae* live cells on in vitro mixed ruminal microorganism fermentation. J. Dairy Sci. 85:2603-2608.

Menke, K. H., L. Raab, A. Salewski, H. Steingass, D. Fritz e W. Schneider. 1979. A estimativa da digestibilidade e do teor de energia metabolizável dos alimentos para ruminantes a partir da produção de gás quando são incubados com licor ruminal *in vitro*. J. Agric. Sci. Camb. 93:217-222.

Menke, K. H. e H. Steingass. 1988. Estimativa do valor energético dos alimentos obtida a partir da análise química e da produção de gás *in vitro* com fluido ruminal. Anim. Research Develop. 28:7-55.

Mir, Z. e P. S. Mir. 1994. Effect of the addition of live yeast (*Saccharomyces cerevisiae*) on growth and carcass quality of steers fed high forage or high grain diets and on feed digestibility and *in situ* degradability. J. Anim. Sci. 72:537-545.

Moloney, A. P. e M. J. Drennan. 1994. A influência da dieta basal sobre os efeitos da cultura de levedura na fermentação ruminal e digestibilidade em novilhos. Anim. Feed Sci. Technol. 50:55-73.

Muro, R. A. 2007. Cinética de degradação ruminal de três fontes forrageiras utilizando a digestibilidade *in vitro* por produção de gás. Tese de doutoramento. Faculdade de Ciências Animais. Universidade Autónoma de Chihuahua. Chihuahua. Chih. México.

Nagaraja, T. G. e E. C. Titgemeyer. 2007. Ruminal acidosis in beef cattle: The current microbiological and nutritional outlook. J. Dairy Sci. 90:17-38.

Newbold, C. J., R. J. Wallace, X. B. Chen e F. M. Mcintosh. 1995. Different strains of *Saccharomyces cerevisiae* differ in their effects on ruminal bacterial numbers in *vitro* and in sheep. J. Anim. Sci. 73:1811-1818.

Olson, K. C., J. S. Caton, D. R. Kirby e P. L. Norton. 1994. Influence of yeast culture supplementation and advancing season on steers grazing mixed- grass prairie in the northern great plains: II. Ruminal fermentation site of digestion, and microbial efficiency. J. Anim. Sci. 72:2158-2170.

Pinos-Rodriguez, J. M., P. H. Robinson, M. E. Ortega, S. L. Berry, G. Mendozad e R. Barcena. 2008. Desempenho e fermentação ruminal de bezerros leiteiros suplementados com *Saccharomyces cerevisiae 1077* ou *Saccharomyces boulardii 1079*. Anim. Feed Sci. Technol. 140:223-232.

Plata, P. F., M. G. D. Mendoza, J. R. Barcena-Gama e M. S. Gonzalez. 1994. Efeito de uma cultura de levedura (*Saccharomyces cerevisiae*) na digestão da fibra de detergente neutro em novilhos alimentados com dietas à base de palha de aveia. Anim. Feed Sci. Technol. 49:203-210.

Robinson, P. H. 2010. Produtos de levedura para ruminantes em crescimento e em lactação: Um resumo da literatura sobre os impactos na fermentação ruminal e no desempenho. http://animalscience.ucdavis.edu/faculty/robinson/Articles/FullText/pdf/W e b200901.pdf. Acedido em 16 de outubro de 2012.

Rodriguez, G. F. e L. G. Llamas. 1990. Digestibilidade, Equilíbrio de Nutrientes e Padrões de Fermentação Ruminal. In: R. A. Castellanos, L. G. Llamas e S. A. Shimada, Ed. Manual de técnicas de investigação em ruminologia. Sistemas de formação contínua em produção animal no México. A. C. México, D. F. México.

Roger, V., G. Fonty, S. Komisarczuk-Bony e P. Gouet. 1990. Efeitos do fator físico-químico na adesão à celulose, avicel das bactérias ruminais *Ruminococcus flavefaciens* e *Fibrobacter succinogenes*. Applied Environ. Microbiol. 56:3081-3087.

SAS. 2004. Guia do utilizador do SAS/STAT®9.1. SAS Institute Inc. Estados Unidos da América.

Sauvant, D., S. Giger-Reverdin e P. Schmidely. 2004. Rumen Acidosis: Modeling Ruminant. [th]Procedimentos do 20º simpósio anual da alltech: Reimagining the feed industry, 23-26 de maio de 2004. Imprensa da Universidade de Nottingham. Londres. Londres, Reino Unido.

Steel, R. G. D. e J. H. Torrie. 1997. Biostatistics. Principles and Procedures. 2ª ed. McGraw-Hill. México.

Sewalt, V. J. H., W. G. Glasser, J. P. Fontenot e V. G. Allen. G. Allen. 1996. Impacto da lignina na degradação da fibra. 1 quinona metídeo intermediários formados a partir de lignina durante a fermentação *in vitro* de palha de milho. J. Sci. Food Agric. 71:195-203.

Tang, S. X., G. O. Tayo, Z. L. Tan, Z. H. Sun e L. X. Shen. 2008. Efeitos da cultura de leveduras e da suplementação com enzimas fibrolíticas nas características de fermentação *in vitro* de palhas de cereais de baixa qualidade. J. Anim. Sci. 86:1164-1172.

Taylor, K. A. C. C. C. 1996. Um ensaio colorimétrico simples para o ácido murâmico e o ácido lático. Appl. Biochemist and Biotechnol. 56:49-58.

Theodorou, M. K., B. A. Williams, M. S. Dhanoa, A. B. McAllan e J. France. 1994. Um método simples de produção de gás utilizando um transdutor de pressão para determinar a cinética de fermentação de alimentos para ruminantes. Anim. Feed. Sci. Technol. 48:185-197.

Van Soest, P. J., J. B. Robertson, e B. A. Lewis. 1991. Methods for dietary fiber, neutral detergent fiber, and non-starch polysaccharides in relation to animal nutrition. J. Dairy Sci. 74:3579-3583.

Van Soest, P.J. 1994. Nutritional Ecology of the Ruminant. 2ª ed. Cornell University Press. Ithaca, Nova Iorque. E. U. A.

Whetten, R. e R. Sederoff. 1995. Biossíntese da lignina. A célula vegetal. 7:10011013.

Williams, P. E. V., A. Macdearmid, G. M. Innes e A. Brewer. 1983. Nabos com palha tratada quimicamente para a produção de carne de bovino. Effect of turnips on the degradability of straw in the rumen. Anim. Prod. 37:189-196.

Williams, P. E. V., C. A. G. Tait, G. M. Innes, e C. J. Newbold. 1991. Effects of the inclusion of yeast culture (*Saccharomyces cerevisiae* plus growth medium) in the diet of cows on milk yield and forage degradation and fermentation patterns in the rumen of sheep and steers. J. Anim. Sci. 69:3016-3026.

Wohlt, J. E., T. T. Corcione e P. K. Zajac. 1998. Efeito da levedura no consumo de ração e no desempenho de vacas alimentadas com dietas à base de silagem de milho durante o início da lactação. J. Dairy Sci. 81:1345-1352.

FERMENTAÇÃO *IN VITRO* DE DIETAS PARA VITELOS EM CRESCIMENTO SUPLEMENTADAS COM QUATRO ESTIRPES DE

FERMENTO

RESUMO

O objetivo foi avaliar o efeito da fermentação *in vitro* de dietas para vitelos em crescimento suplementadas com quatro estirpes de leveduras. Os tratamentos consistiram de: T1 (Sc6): feno de aveia (HA) + silagem de milho (EM) + concentrado + cepa Sc6; T2 (Kl2): HA + EM + concentrado + cepa Kl2; T3 (Kl11): HA + EM + concentrado + estirpe Kl11 e T4 (Io3): HA + EM + concentrado + estirpe Io3. As variáveis medidas foram a digestibilidade da matéria seca (MS), o teor de fibra em detergente neutro (FDN), fibra em detergente ácido (FDA) e lenhina em detergente ácido (LDA), o volume de produção de gás, a concentração de ácido acético, ácido propiónico, butmco, azoto amoniacal ($N-NH_3$), ácido lático e pH. A digestibilidade *in vitro* das dietas foi efectuada às 48 h, enquanto que para o resto das variáveis, a amostragem foi efectuada às 3, 6, 12, 24, 48, 72 e 96 h. Para a digestibilidade da fibra foi utilizado um delineamento inteiramente casualizado, utilizando um modelo que incluía um efeito fixo de tratamento como efeito fixo. Para os ácidos gordos voláteis (AGV), $N-NH_3$, ácido lático e pH, o tratamento e o tempo foram incluídos como efeitos fixos. A produção de gás foi analisada com um modelo semelhante que incluía o tratamento, o tempo e a sua interação como efeitos fixos. Para analisar os parâmetros A, B e C do modelo de regressão não linear ajustado, o tratamento foi utilizado como efeito fixo. Observou-se efeito de tratamento ($P<0,05$) na digestibilidade da MS, sendo maior em T2, T3 e T4 com valores de 63,01, 63,11 e 63,05 %, em relação a T1 (61,30 %). Da mesma forma, o T4 foi superior ($P<0,05$) na digestibilidade da FDN (56,69 %) quando comparado ao T1 e T2 (48,22 e 53,98 %), T2 e T3 apresentaram melhor ($P<0.05$) na digestibilidade da FDA (58,78 e 58,94 %) quando comparados com T1 (56,39 %), portanto, os menores ($P<0,05$) teores de LDA foram para T2, T3 e T4 (4,54, 4,42 e 4,46). Às 96 h, T3 apresentou o maior ($P<0,05$) volume de produção de gás (4,54, 4,42 e 4,46).
(11,50 mL/0,2 g MS). A maior concentração ($P<0,05$) de AGV foi apresentada pelo T2 com valores de 37,30 e 19,25 mmol/L para os ácidos acético e propiónico. Além disso, T1, T2 e T4 apresentaram maior ($P<0,05$) concentração de ácido butâmico (7,45, 7,74 e 6,73 mmol/L). T4 mostrou um aumento ($P<0,05$) na concentração de N-NH3 e ácido lático (5,34 e 0,69 mM/mL), com T1 mostrando um aumento ($P<0,05$) no pH (7,00). Conclui-se que as estirpes Kl2, Kl11 e Io3 favoreceram a digestibilidade da MS, FDN e FDA, em relação à Sc6, assim como a Kl2 aumentou a concentração dos ácidos acético e propiónico durante a fermentação *in vitro* de dietas para novilhos em crescimento.

INTRODUÇÃO

A utilização de estirpes de leveduras como aditivo em dietas fibrosas para ruminantes produz melhorias na eficiência da utilização e disponibilidade de nutrientes e aumenta a digestão ruminal da matéria seca (MS), matéria orgânica (MO), fibra detergente neutra (NDF), fibra detergente ácida (ADF) e azoto, tanto *in vivo* como *in vitro* (Biricik e Turkman, 2001). No entanto, os mecanismos pelos quais as leveduras exercem a sua ação no rúmen ainda não foram devidamente elucidados. Os diferentes modos de ação das estirpes de leveduras e a interação com a dieta oferecida aos animais apresentam novas oportunidades, bem como novos problemas na definição da modificação que causam no metabolismo ruminal pelo efeito das diferentes estirpes de cultura e da quantidade fornecida (Karma *et al.*, 2002). Brossard *et al.* (2006) referem que as leveduras melhoram o ambiente ruminal, provocando um aumento da população de bactérias celulolíticas e estimulando o crescimento de bactérias consumidoras de lactato (*Selenomonas ruminantium* e *Megasphaera elsdenii*), o que resulta num aumento da degradação da fibra (Callaway e Martin, 1997) e em alterações dos ácidos gordos voláteis (Carro *et al.*, 1992). Por outro lado, a técnica de produção de gás *in vitro* simula os processos digestivos que são gerados a partir da produção microbiana, permitindo conhecer a fermentação e a degradabilidade do alimento em função da qualidade nutricional e da disponibilidade de nutrientes para as bactérias (Theodorou *et al.*, 1994).

O objetivo do estudo foi avaliar o efeito de quatro estirpes de leveduras adicionadas a dietas de vitelos desmamados na digestibilidade *in vitro* da fibra, na produção de gás e no perfil de ácidos gordos voláteis (AGV).

MATERIAIS E MÉTODOS

Localização da área de estudo

[®]Esta investigação foi realizada nas instalações da Facultad de Zootecnia y Ecolog^a da Universidad Autonoma de Chihuahua, Chih., México, situada nas coordenadas 28° 35' 07" de latitude norte e 106° 06' 23" de longitude oeste, com uma altitude de 1.517 m.a.s.l., de acordo com o Sistema de Posicionamento Global (GPS, MAGELLAN , MobileMapper-Pro). A temperatura média anual é de 18,2 °C, com uma média máxima de 37,7 °C e uma média mínima de -7,4 °C. A precipitação média anual é de 387,5 mm, com 71 dias de chuva por ano e uma humidade relativa de 49 %; predominantemente um clima semiárido extremo (INAFED, 2008).

Descrição dos tratamentos

Para o desenvolvimento do presente experimento, foi utilizada a dieta do tratamento T1 (controle): feno de aveia (HA) + silagem de milho (MS) + concentrado, oferecida aos bezerros desmamados conforme mencionado no Experimento I. [®]Os tratamentos experimentais foram quatro inóculos preparados com as seguintes cepas: T1: *Saccharomyces cerevisiae* cepa 6, T2: *Kluyveromyces lactis cepa* 2, T3: *Kluyveromyces lactis cepa* 11 e T4: *Issatchenkya orientalis* cepa 3, para os quais foram utilizados 4 frascos Erlenmeyer (Kimax) de 1.000 mL, adicionando-se 3.[89]Uma vez terminado o tempo de fermentação, procedeu-se à contagem das leveduras seguindo o procedimento de D^az (2006), tal como indicado na experiência I, encontrando a quantidade de 3,4 x 10 células/mL para posteriormente ajustar a quantidade de células de levedura por tratamento,

Tabela 14: Esquema de tratamento para a preparação dos inóculos com as quatro estirpes de leveduras

Ingredientes	Tratamentos[1]			
	T1	T2	T3	T4
Estirpe de levedura	Sc6	Kl2	Kl11	Io3
Melaço de cana (g)	100	100	100	100
Ureia (g)	1.2	1.2	1.2	1.2
Minerais (g)	0.5	0.5	0.5	0.5
Sulfato de amónio (g)	0.2	0.2	0.2	0.2
Aforatos (mL)				

[1]T1 = *Saccharomyces cerevisiae estirpe* 6; T2 = *Kluyveromyces lactis estirpe* 2; T3 = *Kluyveromyces lactis estirpe* 11 e T4 = *Issatchenkya orientalis* estirpe 3.

com base em 26 mL adicionados à dieta diária recebida por cada animal.

Análise química dos regimes alimentares

Para obter os valores compostos de digestibilidade da matéria seca (MS), teor de fibra em detergente neutro (NDF), fibra em detergente ácido (ADF) e lenhina em detergente ácido (ADL), foi analisada a composição química das fracções da dieta com a adição das estirpes acima referidas. Foram recolhidas amostras da dieta de 15 em 15 dias para formar amostras compostas por mês, utilizando 1 kg de MS (ração completa) por tratamento. As amostras foram secas a 60 °C por 48 h em estufa de ar forçado e moídas a 1 miKmetro (mm) em moinho Wiley (Arthur H. Thomas Co., Philadelphia, PA), estas amostras foram secas a 105 °C por 8 h em estufa de ar forçado para determinação da MS absoluta e sequencialmente incineradas a 600 °C por 4 h em mufla para determinação das cinzas (AOAC, 2000). Nas amostras compostas, foram determinadas a FDN, a FDA (Van Soest *et al.*, 1991) e a ADL (Goering e Van Soest, 1970). Para a análise do FDN, foram utilizados sulfito de sódio (Na_2SO_3) e a-amilase termoestável (Ankom Technology) para remover a matéria azotada e o amido.

Digestibilidade *in vitro* da MS, NDF, FDA e LDA da dieta.

A ração completa (1 kg de MS) triturada de cada tratamento foi adicionada à quantidade ajustada de inóculo de levedura por mistura manual num tabuleiro de plástico. Antes da incubação, os sacos foram mergulhados em acetona para remover o surfactante nos sacos que inibem a digestão microbiana, e depois secos à temperatura ambiente. [®11]Em seguida, as amostras compostas das dietas (0,45 g ± 0,05) foram pesadas em sacos de filtro ANKOM F57 (25 pm de porosidade e dimensões de 5 x 4 cm) identificados e selados a quente e incubados *in vitro* de acordo com a metodologia Daisy (ANKOM Technology Corp., Fairport, NY- USA), que envolve soluções tampão A, B e inóculo ruminal como indicado na Experiência II.

Recolha de fluidos ruminais

Para obter o Kquido ruminal, seguiu-se o mesmo procedimento que na experiência II.

Produção de gás *in vitro*

A produção de gás *in vitro* (PG) foi efectuada utilizando o protocolo de Menke e Steingass (1988), com as modificações mencionadas por Muro (2007). A incubação das amostras foi efectuada em triplicado e foi adicionado um branco em cada um dos tempos de amostragem. Foram utilizados 112 frascos de vidro de 50 mL, fechados com rolha de borracha, aos quais foram adicionados 0,2 g de amostra, 10 mL de Kquido ruminal e 20 mL de saliva artificial, seguindo o mesmo procedimento da Experiência II.

[®]A pressão interna dos frascos devido à degradação da ração foi medida com um transdutor de pressão (FESTO) às 3, 6, 12, 24, 48, 72 e 96 h de incubação, perfurando os frascos e registando a pressão acumulada (Theodorou *et al.*, 1994). Os resultados foram expressos em mL PG por 0,2 g de MS (mL PG/0,2 g MS).

Produção e perfilagem AGV

Foram recolhidas amostras de 20 mL dos frascos de PG para determinar a produção de ácido acético, propiónico e butâmico às 3, 6, 12, 24, 48, 72 e 96 h, e filtradas com duas camadas de gaze para separar o conteúdo sólido do kieselguhr. O pH deste último foi imediatamente determinado utilizando um potenciómetro (Combo, HANNA instruments® Inc., Woonsocket, RI). Foi colhida uma subamostra de 10 mL e centrifugada a 3 500 *xg a* 4 °C durante 10 min. O sobrenadante foi então colocado em frascos âmbar pré-rotulados, acidificado com 0,2 mL de H2SO4 a 50 % e congelado a - 20 °C até à análise. Antes da medição, as amostras foram descongeladas em refrigeração a 4 °C, adicionadas de ácido metafosfórico a 25 % e centrifugadas novamente com as características acima mencionadas e conservadas em refrigeração até à análise por cromatografia gasosa (Brotz e Schaefer, 1987), seguindo o mesmo procedimento que na experiência II.

Azoto amoniacal (N-NH3)

Obteve-se uma amostra de 20 ml dos frascos PG para analisar o N- NH3 às 3, 6, 12, 24, 48, 72 e 96 h por colorimetria, seguindo a técnica de Broderick e Kang (1980), tal como mencionado na experiência II.

Ácido lático

Foi recolhida uma amostra de 20 mL das garrafas de PG para análise do teor de ácido lático às 3, 6, 12, 24, 48, 72 e 96 h por colorimetria, de acordo com Taylor (1996), seguindo o mesmo procedimento descrito na Experiência II.

Análise estatística

Para a análise da digestibilidade da MS, NDF, FDA e LDA, foi ajustado um modelo estatístico incluindo o tratamento como efeito fixo num desenho completamente aleatório. Por outro lado, para as concentrações de N-NH3, ácido acético, propiónico, butínico e lático, bem como para o pH, foi ajustado um modelo semelhante, considerando o tratamento e o tempo de amostragem como efeitos fixos. Para a produção de gás, o modelo estatístico incluiu os efeitos fixos do tratamento e do tempo, bem como a sua interação. Para analisar os parâmetros A, B e C do modelo de regressão não linear ajustado, o tratamento foi utilizado como efeito fixo. O teste de Tukey foi utilizado para estabelecer possíveis diferenças entre as médias dos tratamentos (Steel e Torrie, 1997).

As quantidades de PG acumuladas *in vitro* foram ajustadas ao modelo não linear de Gompertz (Lavrencic *et al.*, 1997), calculando os parâmetros de fermentação A, B e C; com o procedimento NLIN do SAS (SAS, 2004).

$Y = A * (exp (- B * (exp (- C *$
$t)))$ Onde:

Y.- Volume de produção de gás (mL 0,2 g de MS) para um determinado tempo de incubação.

A.- Volume de gás correspondente à digestão completa do substrato (tempo no ponto de viragem).

B.- Taxa constante de produção de gás (ml de gás no ponto de inflexão). C.- Taxa máxima de produção de gás (mL/h).

t.- Tempo de incubação (h).

Para analisar os parâmetros A, B e C, subtraiu-se o PG do branco a cada uma das amostras (triplicado) para obter a quantidade total acumulada em cada uma das horas de fermentação *in vitro*. Posteriormente, os valores acumulados de cada repetição em cada hora de amostragem foram analisados com o modelo de Gompertz *et al.* (1996) para obter estes parâmetros, os quais foram analisados com PROC GLM para estabelecer por Tukey as possíveis diferenças entre as médias dos tratamentos, declarando efeito significativo quando os valores *de P* eram < 0,05.

Digestibilidade *in vitro* da MS, NDF, FDA e LDA da dieta.

Digestibilidade da matéria seca. A Tabela 15 mostra a digestibilidade da MS, NDF, FDA e LDA por tratamento. A maior digestibilidade da MS foi observada em T2, T3 e T4 (63,01, 63,11 e 63,05 %, respetivamente) sendo maior (P<0,05) que T1 (61,30 %). Esta tendência tem sido associada ao aumento da digestibilidade das fibras, principalmente FDN e FDA, apresentado pelos três tratamentos, bem como ao menor teor de ADL.

Sauvant *et al.* (2004) observaram uma tendência para aumentar a digestibilidade da matéria orgânica (MO; 0,5 %) em vacas Holstein no período seco que receberam uma cultura de leveduras na sua dieta em relação ao grupo de controlo. Por outro lado, foi sugerido que as leveduras vivas são metabolicamente activas no rúmen, modificando assim a fermentação e estimulando o crescimento microbiano (Erasmus *et al.*, 2005). Estas alterações estão associadas a um aumento da digestibilidade da fibra, o que pode aumentar a taxa de passagem e assim melhorar a ingestão de MS e a produtividade animal (Guedes *et al.*, 2008). Há pouca ou nenhuma informação sobre a adição das cepas de leveduras *Kluyveromyces lactis* e *Issatchenkya orientalis* em dietas para ruminantes. No presente trabalho, os melhores desempenhos na digestibilidade da MS foram observados em T2, T3 e T4, pelo que estes resultados sugerem que as estirpes Kl2, Kl11 e Io3 favoreceram o ambiente microbiano das bactérias celulolíticas e, consequentemente, aumentaram a digestibilidade da fibra. Sugere-se também que estas estirpes aumentaram a digestibilidade dos nutrientes porque estimulam o crescimento da população microbiana ruminal, tal como indicado por Harrison *et al* (1988).

Quadro 15: Digestibilidade *in vitro* das fracções de fibra entre tratamentos

Tratamentos[1]

Digestibilidade (%)	T1	T2	T3	T4	. EE(±)
EM	61.30[b]	63.01[a]	63.11[a]	63.05[a]	0.51
FDN	48.22[c]	53.98[b]	55.80[ab]	56.69[a]	0.67
FDA	56.39[b]	58.78[a]	58.94[a]	57.83[ab]	0.57
LDA	5.11[a]	4.54[b]	4.42[b]	4.46[b]	0.05

[abc] As médias com diferentes literais de linha são diferentes (P<0,05) entre tratamentos. [1]-T1 = Feno de aveia (HA) + silagem de milho (MS) + concentrado + *Saccharomyces cerevisiae* estirpe 6; T2 = HA + MS + concentrado + *Kluyveromyces lactis* estirpe 2; T3 = HA + MS + concentrado + *Kluyveromyces lactis* estirpe 11 e T4 = HA + MS + concentrado + *Issatchenkya orientalis* estirpe 3.

como indicado por Harrison *et al.* (1988). Chaucheyras-Durand *et al.* (2008) mencionaram que as leveduras consomem o oxigénio disponível na superfície do alimento fresco ingerido para manter a atividade metabólica e, assim, reduzir o potencial redox no rúmen. Também publicaram que estas alterações criam melhores condições para o crescimento de bactérias anaeróbias estritas, como as bactérias celulolíticas, favorecendo a sua ligação às partículas dos alimentos e aumentando assim a taxa de degradação da fibra (Roger *et al.*, 1990).

Digestibilidade da FDN e FDN. O maior percentual (P<0,05) na digestibilidade da FDN foi apresentado pelo T4 revelando 56,69 %, sendo superior ao T1 e T2 que apresentaram 48,22 e 53,98 %, respetivamente. No entanto, este último foi superior (P<0,05) ao T1. Por outro lado, T2 e T3 apresentaram maior (P<0,05) digestibilidade da FDA (58,78 e 58,94 %) em relação ao T1 cujo valor foi de 56,39 %, enquanto o valor do T4 foi de 57,83 %.

Kholif e Khorshed (2006) publicaram um efeito positivo da suplementação de levedura a búfalas em lactação sobre a digestibilidade da FDN, FDA, celulose, hemicelulose e proteína bruta (PB). Noutra investigação, mencionaram que a adição de culturas de levedura em dietas de ovelhas de engorda aumentou o número de bactérias celulolíticas, tais como

Fibrobacter succinogenes (*F.succinogenes*), *Ruminococcus albus* (*R. albus*) e *Ruminococcus flavefaciens* (*R. flavefaciens*) no rúmen, o que favorece a degradação da celulose (Newbold *et al.*, 1995).

No presente experimento, T4 apresentou a maior digestibilidade da FDN (56,69 %), enquanto T2 e T3 apresentaram a maior porcentagem de digestibilidade da FDA (58,78 e 58,94 %), sendo T1 inferior em FDN e FDA (48,22 e 56,39 %) em relação aos demais tratamentos.

Este comportamento sugere que as estirpes Io3, KI2 e KI11 foram capazes de estimular o ambiente microbiano aumentando o número de bactérias celulolíticas melhorando a degradação da fibra relativamente a Sc. Isto está de acordo com Koul *et al.* (1998) que observaram um aumento no número total de bactérias celulolíticas e proteolíticas quando uma cultura de levedura foi adicionada a vacas Holstein não lactantes. Da mesma forma, Williams *et al.* (1991) relataram que a estimulação da degradação da celulose pela cultura de levedura está associada a uma diminuição do tempo de atraso, o que resulta num aumento da taxa inicial de digestão, mas não num aumento da digestão total pelos microrganismos ruminais.

Chaucheyras-Duran e Fonty (2001) verificaram que os microrganismos que aderem à digesta representam mais de 75 % da microflora total do rúmen, sendo *F. succinogenes, R. albus* e *R. flavefaciens* as bactérias mais activas na degradação da fibra devido à presença de numerosas celulases (glucanases, glucosidases) e hemicelulases (xilanases, xilosidases e fucosidases).

Digestibilidade do LDA. O maior teor de LDA (P<0,05) foi encontrado no T1 com 5,11 % em comparação com T2, T3 e T4, que apresentaram 4,54, 4,42 e 4,46 %, sendo estes últimos semelhantes entre si. O aumento do teor de LDA tem sido associado à baixa digestibilidade da MS, NDF e FDA. Noguera *et al.* (2004) mencionaram que nas primeiras horas de fermentação uma parte do substrato, principalmente os açúcares solúveis, é rapidamente fermentada, mas constitui apenas uma pequena parte do material potencialmente digerível e, à medida que o processo de fermentação continua, uma quantidade menor de material é hidratada e colonizada por microrganismos ruminais, o que causa diferentes taxas de degradação, dependendo da concentração de hidratos de carbono estruturais, do teor de lenhina e do estádio de maturidade da planta. A lenhina é o principal componente que afecta a digestibilidade do tecido vegetal (Van Soest, 1994), uma vez que está geralmente ligada aos hidratos de carbono estruturais das paredes celulares que dão suporte à planta (Whetten e Sederoff, 1995), o que está negativamente correlacionado com a qualidade e a digestibilidade da forragem pelos ruminantes (Sewalt *et al.*, 1996).

Produção de gás *in vitro*

A produção acumulada de gás *in vitro* é apresentada no gráfico 2, onde se observa que T3 e T4 apresentaram o maior (P<0,05) volume de gás produzido (5,77 e 5,50 mL/0,2 g de MS) a partir de 24 h de incubação em relação a T1 e T2 (3,53 e 3,40 mL/0,2 g de MS), seguindo a mesma tendência até 72 h. Às 96 h, T3 foi superior (P<0,05) com valores de 11,50 mL/0,2 g de MS em relação a T1, T2 e T4 que apresentaram 7,10, 9,10 e 10,40 mL/0,2 g de MS, respetivamente; sendo T1 o que apresentou o menor volume de gás em relação aos demais tratamentos.

A importância desta variável é que a taxa de produção de gás é proporcional à atividade microbiana, mas a proporcionalidade diminui com o tempo de incubação, pelo que pode ser interpretada como a perda de eficiência da taxa de fermentação com o tempo (Lavrencic *et al.*, 1997).

O aumento da atividade microbiana predispõe a uma maior digestibilidade da fibra, conduzindo a uma elevada produção de gás durante as primeiras horas de fermentação e aumentando assim a ingestão voluntária de alimentos (Fadel El-seed *et al.*, 2004).

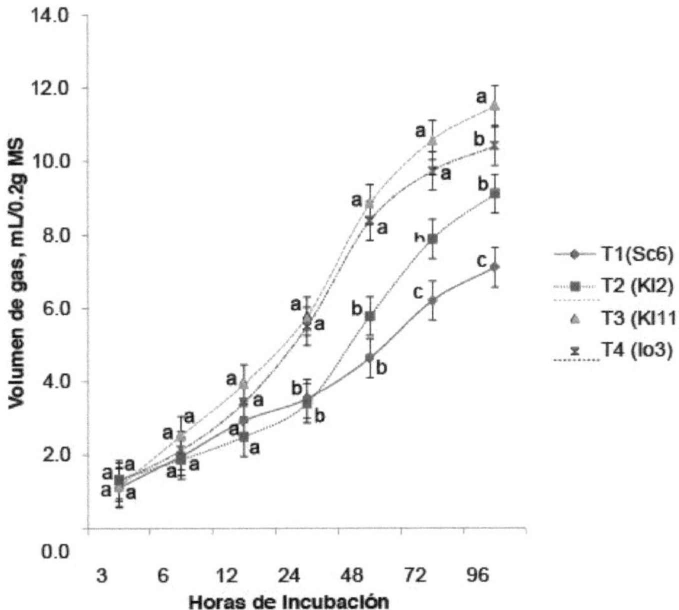

Gráfico 2. Médias (± SE) da produção de gás durante a fermentação ruminal *in vitro* dos T1, T2, T3 e T4 contendo todos os tratamentos feno de aveia, silagem de milho, concentrado e sua respectiva cepa de levedura. abc Médias com letra de tempo diferente são diferentes (P<0,05) entre os tratamentos.

A degradação de um substrato começa com fracções facilmente digeríveis, como os hidratos de carbono altamente fermentáveis, como o amido. Portanto, o comportamento observado neste experimento sugere que os dados obtidos com maior digestibilidade da MS, FDN e FDA, bem como o menor teor de LDA em T2, T3 e T4 sugerem que podem ter favorecido a colonização microbiana, melhorando a digestibilidade da dieta.

Parâmetros de fermentação in *vitro*

A Tabela 16 apresenta os parâmetros da cinética de fermentação. O parâmetro (**A**) representa o tempo até o ponto de viragem, sendo que T2, T3 e T4 foram os que obtiveram maior ponto de viragem (P<0,05) revelando 11,53, 11,6 e 10,42 h quando comparados ao T1 que apresentou 8,05 h. Isto indica que as estirpes dos tratamentos com maior ponto de viragem, talvez tenham favorecido a colonização microbiana da fibra provocando um aumento da taxa de fermentação e do substrato, prolongando o ponto de viragem o que reflecte um maior volume de produção de gás.

O parâmetro (**B**) representa o mL de gás no ponto de inflexão, onde foi observada diferença significativa entre os tratamentos (P<0,05). T2, T3 e T4 apresentaram a maior quantidade de gás no ponto de inflexão (2,21, 2,10 e 2,17 mL) quando comparados ao T1 que revelou 1,68 mL. Este parâmetro explica um aumento na produção de gás, produto da fermentação ruminal, devido à melhoria na composição química da dieta, talvez porque as estirpes KI2, KI11 e Io3 melhoraram o ambiente microbiano em relação à Sc6, levando a um aumento na digestibilidade da fibra e, portanto, a um aumento na concentração de substrato disponível para os microrganismos (Cone *et al.*, 1998).

Tabela 16: Parâmetros de digestibilidade ruminal da MS entre tratamentos

| Parâmetros | Tratamento[1] | | | | EE(±) |
	T1	T2	T3	T4	
A	8.05[b]	11.53[a]	11.6[a]	10.42[a]	0.68
B	1.68[b]	2.21[a]	2.10[a]	2.17[a]	0.10
C	0.03[b]	0.02[b]	0.05[a]	0.05[a]	0.00

[ab] As médias com diferentes literais de linha são diferentes (P<0,05) entre tratamentos.
A = Tempo até ao ponto de viragem.
B = mL de gás no ponto de inflexão.
C = Taxa máxima de produção de gás (mL/h).
[1-T1] = Feno de aveia (HA) + silagem de milho (MS) + concentrado + *Saccharomyces cerevisiae* estirpe 6; T2 = HA + MS + concentrado + *Kluyveromyces lactis estirpe* 2; T3 = HA + MS + concentrado + *Kluyveromyces lactis estirpe* 11 e T4 = HA + MS + concentrado + *Issatchenkya orientalis* estirpe 3.

A função biológica deste parâmetro sugere que as estirpes Kl2, Kl11 e Io3 produzirão mais 0,53, 0,42 e 0,49 ml de gás do que a Sc6 para atingir o ponto de viragem, indicando que contêm mais substrato para os microorganismos.

O parâmetro **(C)**, representa a taxa máxima de produção de gás (mL/h), onde se pode observar que T3 e T4 apresentaram a maior (P<0,05) taxa de produção de gás, ambos com 0,05 mL/h enquanto que em T1 e T2 as estimativas foram de 0,03 e 0,02 mL/h, respetivamente. Este comportamento indica que T3 e T4 têm uma maior capacidade de colonizar as partículas da dieta do que o resto dos tratamentos, resultando numa maior digestibilidade da fibra e num aumento do volume de gás produzido.

Produção e perfilagem AGV

A Tabela 17 mostra a produção e os perfis de AGV entre os tratamentos, onde se observa que o T2 apresentou maior (P<0,05) concentração de ácido acético, propiônico e bitímico (37,30, 19,25 e 7,74 mmol/L) quando comparado ao T1, T4 e T3. Da mesma forma, T4 apresentou maior (P<0,05) concentração de ácido propiónico do que T1 (16,59 e 12,52 mmol/L respetivamente). Por outro lado, T1, T2 e T4 foram superiores (P<0,05) em ácido butâmico a T3 (7,45, 7,74, 6,73 e 4,51 mmol/L, respetivamente).

Allen e Mertens (1988) mencionaram que o padrão de fermentação em ruminantes é influenciado pela interação entre a dieta, a população microbiana e o próprio animal. A adição de culturas de leveduras em dietas de ruminantes tem mostrado efeitos contraditórios sobre a concentração de AGV no rúmen. Por outro lado, foi referido que a tendência para aumentar a razão molar de acetato no rúmen de animais suplementados com culturas de leveduras pode dever-se ao facto de o rúmen não ser uma fonte de AGV no rúmen.

Tabela 17: Comportamento da produção e perfil de AGV entre os tratamentos durante a fermentação *in vitro*.

| Variáveis | Tratamentos[VVI] | | | | EE(±) |
	T1	T2	T3	T4	

[abc] As médias com diferentes literais de linha são diferentes (P<0,05) entre tratamentos.
[VI] T1 = Feno de aveia (HA) + silagem de milho (MS) + concentrado + *Saccharomyces cerevisiae* estirpe 6; T2 = HA + MS + concentrado + *Kluyveromyces lactis estirpe* 2; T3 = HA + MS + concentrado + *Kluyveromyces lactis estirpe* 11 e T4 = HA + MS + concentrado + *Issatchenkya orientalis* estirpe 3.

Ácido acético (mmol/L)	24.87[c]	37.30[a]	32.84[ab]	29.91[bc]	2.03
Ácido propiónico (mmol/L)	12.52[c]	19.25[a]	17.73[ab]	16.59[b]	0.89
Ácido butâmico (mmol/L)	7.45[a]	7.74[a]	4.51[b]	6.73[a]	0.52

relacionado com a melhoria do ambiente ruminal, favorecendo o crescimento e a atividade dos microrganismos degradadores da fibra (Chaucheyras *et al.*, 1995). Neste estudo, o T2 apresentou a maior concentração dos ácidos acético, propiónico e butmco, este comportamento sugere que a estirpe KI2 favoreceu o ambiente microbiano aumentando o número de bactérias celulolíticas provocando uma maior digestibilidade da MS e FDA, diminuindo o teor de LDA como se pode observar na Tabela 15. Dolezal *et al.* (2005) observaram um aumento na produção de AGV ao aumentar a dose de cultura de levedura Sc (estirpe SC-47) na alimentação de vacas Holstein em lactação. Koul *et al.* (1998) relataram um aumento no total de AGV no rúmen de vitelos búfalos alimentados com 5 g/d de uma cultura de levedura contendo Sc quando comparados com o grupo de controlo (132.2 e 122.4 mmol/L). No entanto, Harrison *et al.* (1988) encontraram uma diminuição na razão molar do ácido acético e um aumento na concentração do ácido propiónico no fluido ruminal de vacas Holstein suplementadas com 114 g/d de uma cultura de levedura contendo C.

Concentração de N-NH3, ácido lático e pH
A Tabela 18 mostra as concentrações de N-NH3 e ácido lático e o pH entre os tratamentos. A maior (P<0,05) concentração de N-NH3 foi apresentada pelo T4 em comparação com T1, T2 e T3 (5,34, 3,06, 3,28 e 3,63 mM/mL, respetivamente). Da mesma forma, o mesmo tratamento apresentou maior (P<0,05) concentração de ácido lático (0,69 mM/mL) em comparação com o resto dos tratamentos (0,44, 0,52 e 0,63 mM/mL para T1, T2 e T3). Por outro lado, o pH em T1 foi mais elevado (P<0,05) em comparação com T3 e T4 (7,00, 6,83 e 6,59, respetivamente).

Azoto amoniacal (N-NH3). A digestão das proteínas está relacionada com a sua solubilidade no rúmen, onde uma menor solubilidade diminui a libertação de amoníaco. Moloney e Drennan (1994) referiram que várias fontes de azoto contribuem para a produção de amoníaco, tais como o azoto não proteico (NNP) da dieta, o azoto salivar e possivelmente pequenas quantidades de ureia que penetram através do epitélio ruminal.

No presente estudo, a concentração mais elevada de N-NH3 foi observada em T4, o que pode ser devido ao facto de a estirpe Io3 ter melhorado o ambiente microbiano, provocando uma maior atividade dos microrganismos, aumentando a digestibilidade da MS e da FDN e aumentando a concentração de N-NH3 da fermentação. Fonty e Chaucheyras-Durand (2006) mencionaram que o efeito da cultura de levedura na concentração de N-NH3 é altamente variável, dependendo de factores abióticos (dieta) e bióticos (microrganismos ruminais). Num estudo, Williams *et al.* (1991) relataram que uma diminuição na concentração ruminal de N-NH3 em animais suplementados com culturas de leveduras pode resultar num aumento da incorporação de amoníaco na proteína microbiana, o que pode levar a uma maior atividade dos microrganismos ruminais, outra razão possível pode ser uma redução na atividade das bactérias proteolíticas ruminais, como relatado no estudo *in vitro* por Chaucheyras-Durand *et al.* (2005). D^az (2011) relatou um comportamento semelhante da estirpe Io3 que aumentou a concentração de N-NH3 em inóculos de levedura durante a produção de gás *in vitro*.

Tabela 18: Comportamento da concentração de N-NH3, ácido lático e pH
entre tratamentos durante a fermentação *in vitro*.

Variável	Tratamentos[1]				EE(±)
	T1	T2	T3	T4	
N-NHs(mM/mL)	3.06^b	3.28^b	3.63^b	5.34^a	0.39
Ácido lático (mM/mL)	0.44^c	0.52^{bc}	0.63^{ab}	0.69^a	0.06
pH	7.00^a	6.97^{ab}	6.83^b	6.59^c	0.05

[abc] Meias com diferentes literalmente de uma só vez, são diferente (P<0.05) sobre tratamentos.

[1] T1 = Feno de aveia (HA) + silagem de milho (MS) + concentrado + *Saccharomyces cerevisiae* estirpe 6; T2 = HA + MS + concentrado + *Kluyveromyces lactis estirpe* 2; T3 = HA + MS + concentrado + *Kluyveromyces lactis estirpe* 11 e T4 = HA + MS + concentrado + *Issatchenkya orientalis* estirpe 3.

Ácido lático e pH. Martin e Nisbet (1992) mencionaram que a incorporação de culturas de leveduras em dietas de ruminantes ajuda a diminuir a concentração de lactato no rúmen, estimulando as bactérias fermentadoras de lactato, tais como *Selenomonas ruminantium* (*Sel. ruminantium*) e *Megasphaera elsdenii (M. elsdenii)*, prevenindo os efeitos associados à acidose láctica. Outros estudos mostraram que *Aspergillus oryzae* (*A. oryzae*) e *Saccharomyces cerevisiae* (Sc) adicionados a dietas de ruminantes diminuem a concentração de lactato estimulando bactérias utilizadoras de lactato como *Sel. ruminantium* e *M. elsdenii* (Waldrip e Martin, 1993). Nesta experiência, a concentração mais elevada de ácido lático foi encontrada em T4, talvez porque a estirpe Io3 não estimula as bactérias utilizadoras de ácido lático em grande medida, como indicado por vários autores. D^az (2011) encontrou um comportamento semelhante da estirpe Io3, que aumentou a concentração de ácido lático em inóculos de levedura durante a produção de gás *in vitro*. Por outro lado, o pH ruminal reforça o equilíbrio entre a capacidade de tamponamento e a acidez da fermentação, embora não se possa definir um pH ótimo no meio ruminal, os microrganismos têm uma determinada gama na qual se reproduzem melhor e o seu metabolismo é mais eficiente (Wales *et al.*, 2004). O pH baixo *inibe* a produção de N-NH3 *in vitro*, causando um efeito negativo nas bactérias metanogénicas (*Methanobacterium bryantii*, *M. formicicum* e *Methanosarcina barkeri*) e nos protozoários na degradação da fibra (Nagaraja e Titgemeyer, 2007).

No presente estudo, T1 teve o pH mais elevado quando comparado com T3 e T4, mas foi semelhante a T2, talvez porque a estirpe Sc6 optimizou o ambiente microbiano ao manter a neutralidade do pH, causando uma diminuição do pH do ambiente microbiano. concentração de ácido lático. A redução da quantidade de ácido lático resulta num aumento do pH ruminal que favorece o crescimento de bactérias celulolíticas, levando a um aumento da digestibilidade da fibra e da produção de AGV (Chaucheyras-Durand e Fonty, 2001). No entanto, nas condições em que esta investigação foi efectuada, a estirpe Sc6 não favoreceu a concentração de AGV e não melhorou a digestibilidade da fibra quando comparada com as estirpes Kl2, Kl11 e Io3. A adição de Sc a dietas de ruminantes resulta frequentemente num aumento do número de bactérias celulolíticas (*F. succinogenes, R. albus*), tanto *in vitro* como *in vivo* (Lila *et al.*, 2004). Chaucheyras *et al.* (1995) referiram que a Sc parece estimular a utilização de lactato por *M. elsdenii* e *Sel. ruminantium*, resultando num aumento da síntese de propionato. Scharrer e Lutz (1990) mencionaram que uma diminuição do pH ruminal está associada a um aumento da produção de AGV e, consequentemente, reduz a concentração de N-NH3.

CONCLUSÕES E RECOMENDAÇÕES

A adição de estirpes de leveduras em T2 (Kl2), T3 (Kl11) e T4 (Io3) na dieta de controlo de vitelos desmamados favoreceu a digestibilidade da MS, com o último tratamento a mostrar um aumento na digestibilidade do NDF.

A adição de KI (estirpe 2 e 11) à dieta aumentou a percentagem de digestibilidade da FDA e, juntamente com Io3, mostrou uma diminuição acentuada do teor de LDA.

A estirpe KI11 apresentou o maior volume de gás às 96 h de incubação *in vitro*. Da mesma forma, juntamente com Io3, aumentaram a taxa máxima de produção de gás durante a fermentação ruminal. KI2 teve o maior aumento na concentração de ácidos acético e propiónico. Por outro lado, KI2, Sc6 e Io3 aumentaram a produção de ácido butínico.

Por outro lado, Io3 mostrou um aumento na quantidade de N-NH3 e ácido lático, enquanto Sc6 mostrou um claro aumento do pH durante a fermentação *in vitro*.

Com base nos resultados e no comportamento observado neste estudo das estirpes KI2, KI11 e Io3, recomenda-se a realização de mais investigações, com diferentes níveis de inclusão, a fim de obter uma melhor resposta dos animais.

LITERATURA CITADA

Allen, M. S. e M. Mertens. 1988. Avaliação das restrições à digestão de fibras pelos micróbios do rúmen. J. Nutr. 118:261-270.

AOAC. 2000. Métodos oficiais de análise. [th]Vol. I. 16 ed. International Arlington. VA. U. S. A.

Bmck, H. e I. I. Turkmen. 2001. The effect of *Saccharomyces cereviciae* on *in vitro* rumen digestibilities of dry matter, organic matter and neutral detergent fibre of different forage: concentrate ratios in diets. Veteriner Fakultesi Dergisi, Universidade de Uludag. 20:29-37.

Broderick, G. A. e J. H. Kang. 1980. Determinação automatizada simultânea de amoníaco e aminoácidos totais no fluido ruminal e em meios in vitro. J. Dairy Sci. 63:64-75.

Brossard, L., F. Chaucheyras-Durand, B. Michalet-Doreau, e C. Martin. Martin. 2006. Efeito da dose de leveduras vivas nas comunidades microbianas do rúmen e fermentações durante a acidose butírica latente em ovinos: novo tipo de interação. Anim. Sci. 82:829-836.

Brotz, P. G. e D. M. Schaeffer. 1987. Determinação simultânea de ácido lático e ácidos gordos voláteis em extractos de fermentação microbiana por cromatografia gás-líquido. J. Microbiol. Methods. 6:139-144.

Callaway, E. S. e S. A. Martin. 1997. Effects of *Saccharomyces cerevisiae* culture on ruminal bacteria that utilize lactate and digest cellulose. J. Dairy Sci. 80:2035-2044.

Carro, M. D., P. Lebzein e K. Rohr. 1992. Influência da cultura de leveduras na fermentação *in vitro* de dietas contendo porções variáveis de concentrados. Anim. Feed Sci. Technol. 37:209

Chaucheyras, F., G. Fonty, G. Bertin e P. Gouet. 1995. A utilização *in vitro de* H_2 por uma bactéria acetogénica ruminal cultivada sozinha ou em associação com uma Archaea metanogénica é estimulada por uma estirpe probiótica de *Saccharomyces cerevisiae*. Applied Environ. Microbiol. 61:3466-3467.

Chaucheyras-Durand, F. e G. Fonty. 2001. Estabelecimento de bactérias celulolíticas e desenvolvimento de actividades fermentativas no rúmen de borregos criados gnotobioticamente que recebem o aditivo microbiano *Saccharomyces cerevisiae CNCM I-1077*. Reprod. Nutr. Dev. 41:57-68.

Chaucheyras-Durand, F., N. D. Walker e A. Bach. 2008. Efeitos da levedura seca ativa no ecossistema microbiano do rúmen: Passado, presente e futuro. Anim. Feed Sci. Technol. 145:5-26.

Chaucheyras-Durand, F., S. Masseglia e G. Fonty. 2005. Effect of the microbial feed additive *Saccharomyces cerevisiae CNCM I-1077* on protein and peptide degrading activities of rumen bacteria grown in vitro. Curr. Microbiol. 50:96-101.

Cone, J. W., A. H. Van Gelder e H. Valk. 1998. Previsão das características de degradação de sacos de nylon de amostras de erva com a técnica de produção de gás. J. Sci. Food Agric. 77:421-426.

D^az, P. D. 2006. Produção de proteína microbiana a partir de resíduos de maçãs adicionados de ureia e pasta de soja. Dissertação de mestrado. Faculdade de Zootecnia. Universidade Autónoma de Chihuahua. Chihuahua. Chih. Mex.

D^az, P. D. 2011. Desenvolvimento de um inóculo à base de leveduras e seu efeito na cinética de fermentação in vitro em rações para vacas Holstein de alta produção. Tese de doutoramento. Faculdade de Ciência Animal e Ecologia. Universidade Autónoma de Chihuahua. Chihuahua. Chih. Mex.

Dolezal, P., J. Dolezal e J. Trinacty. 2005. O efeito de *Saccharomyces cerevisiae* na fermentação ruminal em vacas leiteiras. Czech J. Anim. Sci. 50:503-510.

Erasmus, L. J., P. H. Robinson, A. Ahmadi, R. Hinders e J. E. Garrett. 2005. Influência da suplementação pré-parto e pós-parto de uma cultura de levedura e monensina, ou ambos, na fermentação ruminal e no desempenho de vacas leiteiras multíparas. Anim. Feed Sci. Technol. 122:219-239.

Fadel El-seed, A. N. M. A., J. Sekine, H. E. M. Kamel e M. Hishinuma. 2004. Changes with time after feeding in ruminal pool sizes of cellular contents, crude protein, cellulose, hemicellulose and lignin. Indian J. Anim. Sci. 74:205-210.

Fonty, G. e F. Chaucheyras-Durand. 2006. Efeitos e modos de ação da levedura viva no rúmen. Biology. 61:741-750.

Goering, H. K. e P. J. Van Soest. 1970. Forage fibre analyses (apparatus, reagents, procedures and some applications). P. 379. In Agric. Handbook. USDA-ARS, Washington, DC. U. S. A.

Guedes, C. M., D. Goncalves, M. A. M. Rodrigues e A. Dias-da-Silva. 2008. Efeitos de uma levedura *Saccharomyces cerevisiae* na fermentação ruminal e degradação da fibra de silagens de milho em vacas. Anim. Feed Sci. Technol. 145:27-40.

Harrison, G. A., R. W. Hemken, K. A. Dawson, R. J. Harmon e K. B. Barker. 1988. Influência da adição de suplemento de cultura de levedura a dietas de vacas em lactação na fermentação ruminal e nas populações microbianas. J. Dairy Sci. 71:2967-2975.

INAFED, 2008. Instituto Nacional de Federalismo e Desenvolvimento Municipal. http://www.inafed.gob.mx/work/templates/enciclo/chihuahua/. Acessado em 10 de setembro de 2012.

Karma, D. N., L. C. Chaudhary, S. R. Neeta Agarwal e N. N. Pathak. 2002. Growth performance, nutrient utilization, rumen fermentation and enzyme activities in calves fed *Saccharomyces cerevisiae* supplemented diet. Indian J. Anim. Sci. 72:472

Kholif, S. M. e M. M. Khorshed. 2006. Efeito da suplementação com levedura ou levedura selenizada nas rações sobre o desempenho produtivo de búfalas em lactação. Egipto. J. Nutr. Feed. 9:193-205.

Koul, V., U. Kumar, V. K. Sareen e S. Singh. 1998. [1026]Modo de ação da cultura de levedura (Yea-Sacc) para estimulação da fermentação ruminal em vitelos búfalos. J. Sci. Food Agric. 77:407-413.

Lavrencic, A., B. Stefanon e P. Susmel. 1997. Uma avaliação do modelo de Gompertz em estudos de degradabilidade de componentes químicos de forragens. Animal Science. 64:423-431.

Lila, Z. A., N. Mohammed, T. Yasui, Y. Kurokawa, S. Kanda e H. Itabashi. 2004. Effects of a twin strain of *Saccharomyces cerevisiae* live cells on mixed ruminal microorganism fermentation *in vitro*. J. Anim. Sci. 82:1847-1854.

Martin, S. A. e D. J. Nisbet. 1992. Effect of direct fed microbials on rumen microbial fermentation. J. Dairy Sci. 75:1736.

Menke, K. H. e H. Steingass. 1988. Estimativa do valor energético dos alimentos obtida a partir da análise química e da produção de gás *in vitro* com fluido ruminal. Anim. Res. Dev. 28.7-55.

Moloney, A. P. e M. J. Drennan. 1994. A influência da dieta basal sobre os efeitos da cultura de leveduras na fermentação ruminal e digestibilidade em novilhos. Anim. Feed Sci. Technol. 50:55-73.

Muro, R. A. 2007. Cinética de degradação ruminal de três fontes forrageiras utilizando a digestibilidade in vitro por produção de gás. Tese de doutoramento. Faculdade de Ciências Animais. Universidade Autónoma de Chihuahua. Chihuahua. Chihuahua, México.

Nagaraja, T. G. e E. C. Titgemeyer. 2007. Ruminal acidosis in beef cattle: the current microbiological and nutritional Outlook. J. Dairy Sci. 90:17-38.

Newbold, C. J., R. J. Wallace, X. B. Chen e F. M. Mcintosh. 1995. Different strains of *Saccahromyces cerevisiae differ* in their effects on ruminal bacterial numbers in *vitro* and in sheep. J. Anim. Sci. 73:1811-1818.

Noguera, R. R., E. O. Saliba e R. M. Mauricio. 2004. Comparação de modelos matemáticos para estimar parâmetros de degradação obtidos através da técnica de produção de gás.

Pesquisa Pecuária para o Desenvolvimento Rural. Vol. 16, Art. No. 86. http://www.lrrd.org /lrrd16/11/nogu16086.htm. Acedido em 10 de outubro de 2012.

Roger, V., G. Fonty, S. Komisarczuk-Bony e P. Gouet. 1990. Efeitos do fator físico-químico na adesão ao avicel de celulose das bactérias do rúmen. *Ruminococcus flavafaciens* e *Fibrobacter succinogenes*. Applied Environ. Microbiol. 56:3081-3087.

SAS. 2004. Guia do utilizador do SAS/STAT® 9.1. SAS. Institute Inc. Estados Unidos da América.

Sauvant, D., S. Giger-Reverdin e P. Schmidely. 2004. Rumen Acidosis. Modelagem de Ruminantes. [th]Procedimento do 20° simpósio anual da alltech. Reimagining the feed industry, 23-26 de maio de 2004. Imprensa da Universidade de Nottingham. Londres. Londres, Reino Unido.

Scharrer, E. e T. Lutz. 1990. Effects of short chain fatty acids and K on absorption of Mg and other cations by the colon and caecum. Zeitschrift fur Ernahrungswissenchaft. 29:162-168.

Sewalt, V. J. H., W. G. Glasser, J. P. Fontenot e V. G. Allen. G. Allen. 1996. Impacto da lignina na degradação da fibra. 1 intermediários quinona-metídeos formados a partir de lignina durante a fermentação in vitro de palha de milho. J. Sci. Food Agric. 71:195-203.

Steel, D. R. G. e J. H. Torrie. 1997. Biostatistics. Principles and procedures. 2 [a]Ed. McGraw-Hill. México.

Taylor, K. A. C. C. C. 1996. Um ensaio colorimétrico simples para o ácido murâmico e o ácido lático. Appl. Biochem. Biotechnol. 56:49-58.

Theodorou, M. K., B. A. Williams, M. S. Dhanoa, A. B. McAllan e J. France. 1994. Um método simples de produção de gás utilizando um transdutor de pressão para determinar a cinética de fermentação de alimentos para ruminantes. Anim. Feed Sci. Technol. 48:185-197.

Van Soest, P. J. 1994. Nutritional ecology of the ruminant. 2[a] ed. Cornell University Press. Ithaca, Nova Iorque. U. S. A.

Van Soest, P. J., J. B. Robertson, e B. A. Lewis. 1991. Methods for dietary fiber, neutral detergent fiber, and non-starch polysaccharides in relation to animal nutrition. J. Dairy. Sci. 74:3579-3583.

Waldrip, H. M. e S. A. Martin. 1993. Effects of an *Aspergillus oryzae fermentation* extract and other factors on lactate utilization by the ruminal bacterium *Megasphaera elsdenii*. J. Anim. Sci. 71:2770-2776.

Wales, W. J., E. S. Kolver, P. L. Thorne e A. R. Egan. 2004. Variação diurna do pH ruminal sobre a digestibilidade do azevém perene altamente digerível durante a fermentação em cultura contínua. J. Dairy Sci. 87:1864-1871.

Whetten, R. e R. Sederoff. 1995. Biossíntese de lignina. The plan cell. 7:1001- 1013.

Williams, P. E. V., C. A. G. Tait, G. M. Innes e C. J. Newbold. 1991. Effects of the inclusion of yeast culture (*Saccharomyces cerevisiae* plus growth medium) in the diet of cows on milk yield and forage degradation and fermentation patterns in the rumen of sheep and steers. J. Anim. Sci. 69:3016-3026.

Buy your books fast and straightforward online - at one of world's fastest growing online book stores! Environmentally sound due to Print-on-Demand technologies.

Buy your books online at
www.morebooks.shop

Compre os seus livros mais rápido e diretamente na internet, em uma das livrarias on-line com o maior crescimento no mundo! Produção que protege o meio ambiente através das tecnologias de impressão sob demanda.

Compre os seus livros on-line em
www.morebooks.shop